博蓄诚品 编著

Word
+ # Excel
+ # PPT
+ # Photoshop
+ # 思维导图

高效商务办公一本通

化学工业出版社

·北京·

现如今，办公软件已成为职场中的重要工具。无论是 Word、Excel、PPT，还是 Photoshop、思维导图软件在职场中都占据着一席之地。熟练地掌握这几种软件，将大大提高办公效率。

本书分 5 篇，共 15 章，基于新版 Office 2019 和 Photoshop CC 2019，以实战案例的形式来介绍 **Word、Excel、PPT、Photoshop** 和**思维导图**的典型应用，主要内容包括文档的编辑、图文混排、高级应用；数据报表的制作、数据的分析与处理、数据的可视化转换、数据的打印与输出；演示文稿的创建、编辑、演示、动画效果的制作等；Photoshop 基本应用、人像处理、图像合成等；思维导图软件的介绍及实际应用等。

本书内容丰富实用，知识点循序渐进；案例选取具有代表性，且贴合职场实际需求；讲解细致，通俗易懂，操作步骤全程图解。同时，本书还配套了丰富的学习资源，主要有超大容量的同步教学视频、所有案例的源文件及素材，扫描对应的二维码即可轻松获取及使用。此外，还超值赠送常用行业案例及模板、各类电子书、线上课堂专属福利等。

本书是广大职场人员不可多得的"职场伴侣"，不仅适合办公室文秘、财会、设计、销售、教师、公务员等各企事业单位的人员阅读使用，还可用作相关培训机构的教材及参考书。

图书在版编目（CIP）数据

Word+Excel+PPT+Photoshop+思维导图：高效商务办公一本通 / 博蓄诚品编著. — 北京：化学工业出版社，2020.6（2021.2 重印）

ISBN 978-7-122-36524-8

Ⅰ．①W… Ⅱ．①博… Ⅲ．①办公自动化 - 应用软件 ②图像处理软件 Ⅳ．①TP317.1 ② TP391.413

中国版本图书馆 CIP 数据核字（2020）第 056064 号

责任编辑：耍利娜　　　　　　　　　　　美术编辑：王晓宇
责任校对：刘　颖　　　　　　　　　　　装帧设计：水长流文化

出版发行：化学工业出版社（北京市东城区青年湖南街 13 号　邮政编码 100011）
印　　装：中煤（北京）印务有限公司
710mm×1000mm　1/16　印张 19½　字数 396 千字　2021 年 2 月北京第 1 版第 3 次印刷

购书咨询：010-64518888　　　　　　　　售后服务：010-64518899
网　　址：http://www.cip.com.cn
凡购买本书，如有缺损质量问题，本社销售中心负责调换。

定　　价：59.80 元

编写目的

无论你是从事行政、财务、市场营销还是设计等工作，都离不开各类办公软件，例如合同文件的拟定、项目的预算与分析、项目策划报告、各种海报设计等。熟练地使用办公软件，已成为职场人士必备的职业技能。本书通过日常工作中常见的典型案例，详细地介绍了**Word、Excel、PowerPoint、Photoshop**以及**思维导图**软件的操作方法及应用技巧。知识点由浅入深，循序渐进，比较适合入门级读者阅读与学习。

本书将操作技巧与案例相结合，让读者在学习软件的使用方法外，还能够掌握案例的制作思路，帮助读者将所学到的技能真正地应用到工作中。在每章结尾处安排了"拓展练习"和"职场答疑"两个环节，方便读者对所学的知识加以巩固和提高。

内容特点

★以案例为主，实用性强　本书内容均以办公实际项目作为案例，使读者在学习过程中学以致用，熟练掌握这5大办公软件的操作技能，让读者从职场新手逐渐晋升为职场高手。

★图文并茂，学习无压力　本书以一步一图的讲解方式，让读者能够更直观、更清晰地掌握每一步的具体操作，大大降低阅读理解的障碍，从而提高读者学习的动力。

★注重操作细节，拓展学习　本书在每个案例中穿插了【注意事项】以及【知识点拨】两个小板块，提醒读者在操作时需注意的问题以及对知识点的拓展应用，帮助读者通过对某知识点的学习，举一反三地解决其他类似的问题。

内容结构

全书分为5篇，分别介绍了**Word、Excel、PowerPoint、Photoshop**和**思维导图**在职场中的应用，各部分内容安排如下。

篇	章	主要内容
Word篇	1~3	依次对Word文档的创建、编辑、美化、图文混排、表格应用、输出打印等内容进行了详细的阐述
Excel篇	4~7	依次对Excel电子表格的新建、数据的录入、工作表的格式化、公式与函数的应用、数据的分析与处理、数据透视表/图的应用、图表的应用等内容进行了系统的阐述
PPT篇	8、9	依次对PowerPoint演示文稿的创建、幻灯片的制作与管理、母版的应用、动画效果的设计、切换动画的设计、演示文稿的放映与输出等内容进行了全面的阐述
Photoshop篇	10~13	依次对图像的编辑、文字与矢量工具的应用、图层的应用、图片修饰、路径的应用、滤镜的应用等内容进行了详细的阐述
思维导图篇	14、15	依次对思维导图的认知、行业应用、绘制方法以及思维导图软件的制作等内容进行了阐述

资源服务

★**同步教学视频**　本书案例涉及的重难点操作均配有高清视频讲解，视频多达100段，总时长近5小时；扫书中二维码，边学边看，大大提高学习效率。

★**素材、源文件**　书中所用到的案例素材及全部源文件均可扫下方二维码下载使用，方便读者实践练习。

★**办公模板**　除书中配套案例外，还额外赠送各类常用办公模板，共计690个，读者在实际工作中可以直接套用。

★**电子书**　为方便读者拓展学习，还倾情赠送《Windows10操作系统入门》《Word常用快捷键速查》《Excel常用快捷键速查》《PPT常用快捷键速查》《Photoshop常用快捷键速查》《五笔打字字根表》等各类电子书。

★**线上课堂专属福利**　三步领取学习福利

第1步：加入QQ学习交流群707119506；

第2步：联系群管理员开通读者权限（该权限仅供购买本书的读者使用）；

第3步：进入线上课堂凭读者权限领取福利，观看视频。

★**Office专题视频**　共计230段，全方位多角度动态演示Office办公应用的功能。

★**GIF操作动图**　共计270个，直观形象生动地展示各类办公工具操作技巧。

★**在线答疑**　作者团队具有丰富的实战经验，随时随地为读者答疑解惑；读者在学习过程中如有任何疑问，可联系QQ1908754590解决。

注：以上附赠资源均可联系QQ1908754590获取。

★**电脑办公人员**　本书介绍了常用的五大办公工具，内容覆盖面广，适合各行各业不同岗位的职场人员自学使用。

★**电脑初学者**　本书从实用性、易学易用性出发，使读者可以从零学起，最终达到学以致用的目的。

★**社会培训班学员**　本书从读者的切实需要出发，对办公软件的使用和操作技巧进行了比较细致的讲解，特别适合社会培训班作为教材使用。

本书在编写过程中力求严谨细致，但由于时间与精力有限，疏漏之处在所难免，望广大读者批评指正。

编著者

源文件及素材下载

目录

Word 篇

第1章 文档的起草与打印

第2章 文档的高级应用

第3章 文档的图表混排

注：▶表示本节有视频。

PPT 篇

第8章 幻灯片上手准备

第9章 幻灯片的完美呈现

Photoshop 篇

思维导图 篇

附录

Word 篇

说起Word，很多人会认为Word不就是打打字、设置一下文档格式就可以了，还用特意去学吗？答案是：当然要学。Word可以说是Office三大组件中最需要学习的。因为Word使用很频繁，如果掌握不到核心技巧，只懂得一些皮毛，相信你的办公效率肯定不会高。

第1章

文档的起草与打印

内容导读

在日常工作中，我们常常需要使用Word制作各种文档，例如：会议通知、项目计划书、合作协议书等。熟练使用Word制作办公文档是办公人员必须掌握的一项技能，本章将介绍如何使用Word的各项功能创建并打印文档。

案例效果

会议通知

公司各科室：

春运开始一个月以来，安全态势平稳，但仍然存在一些问题，为确保我司2020 年道路春运安全工作顺利进行，减少和杜绝道路交通事故的发生，经公司安委会研究决定，召开二月份安全例会。现将有关事项通知如下：

一、**时间**：2020 年 3 月 8 日上午 9:30

二、**地点**，公司会议室

三、**参会人员**，全体管理人员

四、**会议内容**：

1. 传达上级部门 2 月份安全例会会议精神；

2. 对春运期间的安全工作进行总结；

3. 对 3 月份的安全工作做出安排。

五、**会议要求**：

请参会人员准时参加，不得迟到早退，不得缺席。

德胜科技有限公司

2020 年 2 月 10 日

网上花店项目计划书

会议通知

项目计划书

1.1 制作会议通知文档

会议通知是会议准备工作的重要环节。本节将以制作会议通知文档为例，介绍文档的新建与保存以及编辑文本的操作方法。

1.1.1 文档的新建与保存

用户可以直接创建空白文档，也可以使用右键菜单进行创建。创建文档后需要对其进行保存。下面介绍具体的操作方法。

扫一扫，看视频

Step01： 打开Word软件，在右侧单击"空白文档"选项，如图1-1所示。

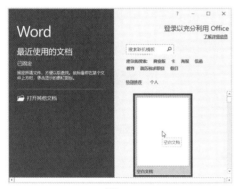

图1-1

Step02： 完成空白文档的创建。按【Ctrl+S】组合键或单击"保存"按钮，如图1-2所示。

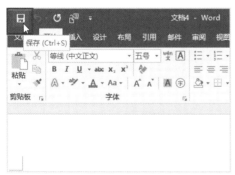

图1-2

Step03： 弹出"另存为"界面，单击"浏览"按钮，如图1-3所示。

图1-3

Step04： 打开"另存为"对话框，设置保存位置。将"文件名"设置为"会议通知"，单击"保存"按钮，如图1-4所示，即可将文档进行保存。

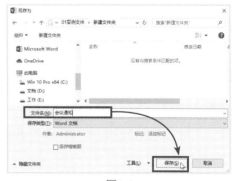

图1-4

Step05： 此外，在桌面单击鼠标右键，在快捷菜单中选择"新建"命令，并从其级联菜单中选择"Microsoft Word文档"命令，如图1-5所示，也可以创建一个空白文档。

排序方式(O)
刷新(E)
粘贴(P)
粘贴快捷方式(S)
撤消 移动(U) Ctrl+Z
英特尔® 显卡设置
新建(W)
显示设置(D)
个性化(R)
文件夹(F)
快捷方式(S)
Microsoft Access Database
BMP 图像
联系人
Microsoft Word 文档
Microsoft PowerPoint 演示文稿
Microsoft Publisher Document

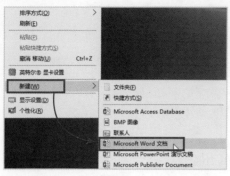

图1-5

1.1.2 输入会议通知内容

新建空白文档后，用户需要在其中输入相关内容。下面介绍具体的操作方法。

Step01： 将光标插入文档中，切换至中文输入法，输入标题内容，如图1-6所示。

会议
tong'zhi
工具箱(分号)
1.通知 2.同志 3.统治 4.同质 5.铜制

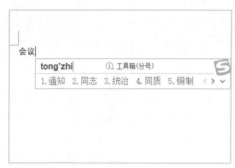

图1-6

Step02： 按【Enter】键另起一行，输入其他相关内容，如图1-7所示。

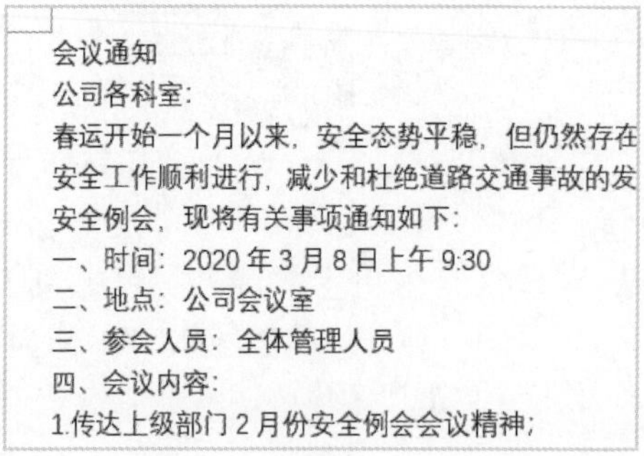

会议通知
公司各科室：
春运开始一个月以来，安全态势平稳，但仍然存在
安全工作顺利进行，减少和杜绝道路交通事故的发
安全例会，现将有关事项通知如下：
一、时间：2020 年 3 月 8 日上午 9:30
二、地点：公司会议室
三、参会人员：全体管理人员
四、会议内容：
1.传达上级部门 2 月份安全例会会议精神；

图1-7

1.1.3 文本的基本操作

在文档中输入文本后，用户可以对文本进行一些基本操作。例如选择文本、移动与复制文本、查找与替换文本等。下面介绍具体的操作方法。

扫一扫，看视频

（1）选择文本

选择文本的方法有很多，下面将介绍几种常用的方法。

Step01： 选择词语。将光标插入某词语旁，双击鼠标，即可将该词语选中，如图1-8所示。

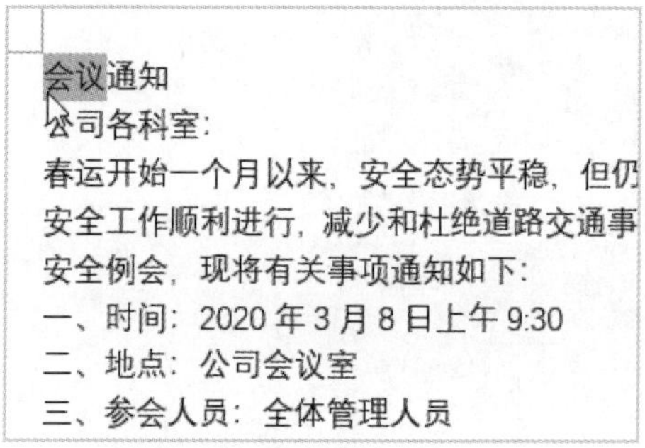

会议通知
公司各科室：
春运开始一个月以来，安全态势平稳，但仍
安全工作顺利进行，减少和杜绝道路交通事
安全例会，现将有关事项通知如下：
一、时间：2020 年 3 月 8 日上午 9:30
二、地点：公司会议室
三、参会人员：全体管理人员

图1-8

Step02： 选择一行。将光标移至需要选择的行的左侧，当光标变为向右的箭头形状时，单击鼠标，即可将该行选中，如图1-9所示。

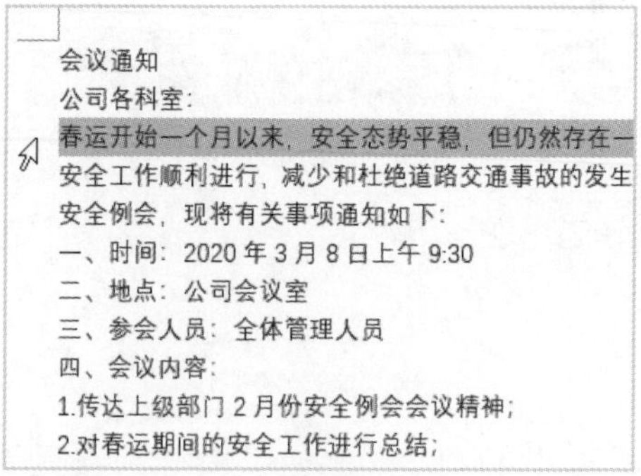

会议通知
公司各科室：
春运开始一个月以来，安全态势平稳，但仍然存在一
安全工作顺利进行，减少和杜绝道路交通事故的发生
安全例会，现将有关事项通知如下：
一、时间：2020 年 3 月 8 日上午 9:30
二、地点：公司会议室
三、参会人员：全体管理人员
四、会议内容：
1.传达上级部门 2 月份安全例会会议精神；
2.对春运期间的安全工作进行总结；

图1-9

Step03： 选择段落。将光标移至需

要选择段落的左侧，当光标变为向右的箭头时，双击鼠标，即可将该段落选中，如图1-10所示。

会议通知
公司各科室：
春运开始一个月以来，安全态势平稳，但仍然存在一
安全工作顺利进行，减少和杜绝道路交通事故的发生
安全例会，现将有关事项通知如下：
一、时间：2020 年 3 月 8 日上午 9:30
二、地点：公司会议室
三、参会人员：全体管理人员

图1-10

Step04：选择连续区域。在需要选中区域的起始位置按住鼠标左键，拖动鼠标至结尾处，即可选中连续区域，如图1-11所示。

会议通知
公司各科室：
春运开始一个月以来，安全态势平稳，但仍然存在一
安全工作顺利进行，减少和杜绝道路交通事故的发生
安全例会，现将有关事项通知如下：
一、时间：2020 年 3 月 8 日上午 9:30
二、地点：公司会议室
二、参会人员：全体管理人员
四、会议内容：

图1-11

Step05：选择不连续区域。按住【Ctrl】键的同时，拖动鼠标，即可选择多个不连续区域，如图1-12所示。

会议通知
公司各科室：
春运开始一个月以来，安全态势平稳，但仍然存在一
安全工作顺利进行，减少和杜绝道路交通事故的发生
安全例会，现将有关事项通知如下：
一、时间：2020 年 3 月 8 日上午 9:30
二、地点：公司会议室
三、参会人员：全体管理人员
四、会议内容：

图1-12

Step06：选择全文。将光标插入文档中，按【Ctrl+A】组合键，即可选中全部文本，或者将光标移至文本左侧，当光标变为向右的箭头时，三击鼠标，也可以选中全部文本，如图1-13所示。

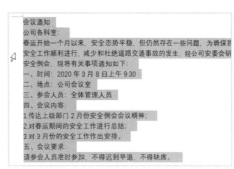

会议通知
公司各科室：
春运开始一个月以来，安全态势平稳，但仍然存在一些问题，为确保我
安全工作顺利进行，减少和杜绝道路交通事故的发生，经公司安委会研
安全例会，现将有关事项通知如下：
一、时间：2020 年 3 月 8 日上午 9:30
二、地点：公司会议室
三、参会人员：全体管理人员
四、会议内容：
1.传达上级部门 2 月份安全例会会议精神
2.对春运期间的安全工作进行总结；
3.对 3 月份的安全工作作出安排；
五、会议要求：
请参会人员准时参加，不得迟到早退，不得缺席。

图1-13

（2）移动与复制

在制作文档的过程中，如果需要大量外部文本，可以使用复制粘贴功能来操作。如果需要将当前文本移动到其他位置，可以剪切文本，具体操作方法如下。

Step01：复制文本。选择需要复制的内容，按【Ctrl+C】组合键，或单击"开始"选项卡中的"复制"按钮，如图1-14所示。复制文本。

图1-14

Step02：粘贴文本。将光标插入到需要添加文本处，按【Ctrl+V】组合键，或单击"粘贴"下拉按钮，从列表中选择合适的粘贴方式，如图1-15所示。

图1-15

Step03：移动文本。选择需要移动的文本，按【Ctrl+X】组合键，或单击"开始"选项卡中的"剪切"按钮，如图1-16所示，剪切文本。

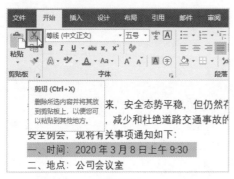

图1-16

Step04：粘贴文本。将光标插入到需要移动到的位置，按【Ctrl+V】组合键，或单击"粘贴"按钮，如图1-17所示，粘贴文本。

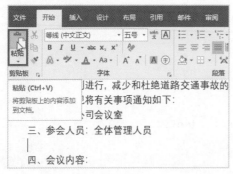

图1-17

🔍 **知识点拨**

移动文本
如果文本移动的幅度不大，可以在选择文本后，按住鼠标左键不放，将所选文本拖动至合适位置即可。

（3）查找与替换

如果需要对文档中的特定部分进行查看，或需要替换文档中的大量内容，则可以使用查找替换功能。

Step01：查找文本。在"开始"选项卡中单击"查找"下拉按钮，从列表中选择"查找"选项，如图1-18所示。

图1-18

Step02：弹出"导航"窗格，在"搜索"文本框中输入文本，单击"搜索"按钮，查找到的文本会突出显示出来，如图1-19所示。

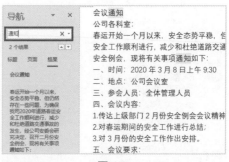

图1-19

Step03： 替换文本。在"开始"选项卡中，单击"替换"按钮，如图1-20所示。

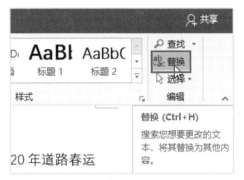

图1-20

Step04： 打开"查找和替换"对话框，在"查找内容"文本框中输入需要查找的内容"告知"，在"替换为"文本框中输入替换的文本"通知"。单击"全部替换"按钮，在弹出的对话框中单击"确定"按钮，如图1-21所示，即可将文档中的"告知"文本替换成"通知"文本。

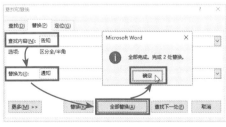

图1-21

1.1.4 编辑文档内容

输入文本后，要想整个文档看起来更加整洁、美观，则需要对文本的字体格式和段落格式进行设置。下面将介绍具体的操作方法。

扫一扫，看视频

（1）设置字体格式

用户可以对文本的字体、字号、字体颜色等进行设置。

Step01： 选择标题文本，在"开始"选项卡中单击"字体"下拉按钮，从列表中选择"微软雅黑"选项，如图1-22所示。

图1-22

Step02： 单击"字号"下拉按钮，从列表中选择"二号"选项，如图1-23所示。

图1-23

Step03： 单击"加粗"按钮，将文本加粗显示，如图1-24所示。

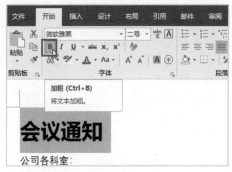

图1-24

Step04: 单击"字体颜色"下拉按钮，从列表中选择合适的字体颜色，如图1-25所示。

图1-25

Step05: 选择全部正文内容，按照同样的方法，将"字体"设置为"宋体"，将"字号"设置为"小四"。根据需要加粗某些文本，如图1-26所示。

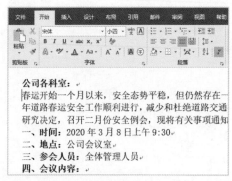

图1-26

（2）设置段落格式

用户可以对文本的对齐方式、行间距等进行设置。

Step01: 选择标题文本，在"开始"选项卡中单击"居中"按钮，将标题居中显示，如图1-27所示。

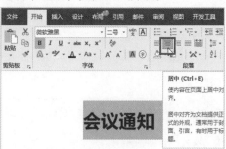

图1-27

Step02: 单击"段落"选项组的对话框启动器按钮，打开"段落"对话框，在"缩进和间距"选项卡中，将"段后"间距设置为"1行"，如图1-28所示。单击"确定"按钮。

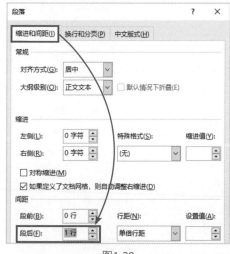

图1-28

Step03: 选择正文内容，打开"段落"对话框，将"行距"设置为"1.5倍行距"，如图1-29所示。单击"确定"按钮。

图1-29

Step04： 选择文本，打开"段落"对话框，将"特殊格式"设置为"首行缩进"，如图1-30所示。单击"确定"按钮。

图1-30

Step05： 选择落款文本（公司名称），打开"段落"对话框，将"段前"间距设置为"3行"，如图1-31所示。单击"确定"按钮。

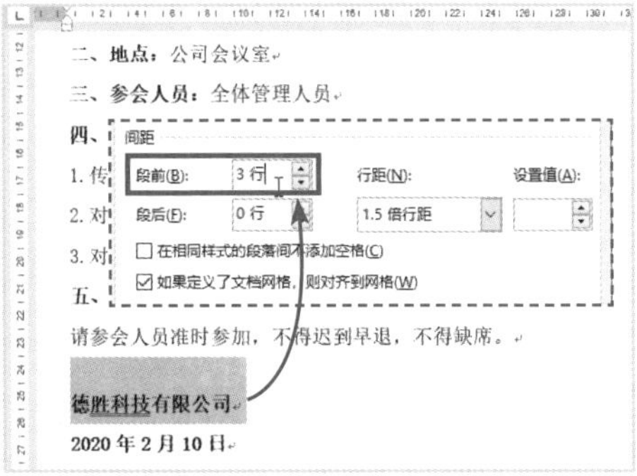

图1-31

Step06： 选择落款文本,按【Ctrl+R】组合键，将该文本右对齐。

1.1.5 保护文档内容

制作好文档后，用户可以为文档设置打开密码，来保护文档内容。下面介绍具体的操作方法。

Step01： 单击"文件"按钮，在弹出的界面中选择"信息"选项，单击"保护文档"下拉按钮，从列表中选择"用密码进行加密"选项，如图1-32所示。

图1-32

Step02： 打开"加密文档"对话框，在"密码"文本框中输入密码"123"，单击"确定"按钮，如图1-33所示。

图1-33

Step03： 弹出"确认密码"对话框，在"重新输入密码"文本框中再次输入密码"123"，单击"确定"按钮，如图1-34所示。

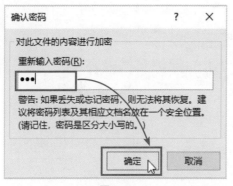

图1-34

Step04： 保存文档后，需要输入密码，才能打开该文档，如图1-35所示。

图1-35

1.1.6 打印会议通知

在打印会议通知文档之前，用户通常需要对打印参数进行一些必要的设置。下面介绍具体的操作方法。

Step01： 设置打印份数。单击"文件"按钮，选择"打印"选项，在"打印"界面，将"份数"设置为"10"，如图1-36所示。

图1-36

Step02： 设置打印方向。单击"方

向"下拉按钮，从列表中选择"纵向"或"横向"选项，如图1-37所示。

图1-37

Step03： 设置打印纸张。单击"纸张大小"下拉按钮，从列表中选择合适的纸张大小，如图1-38所示。

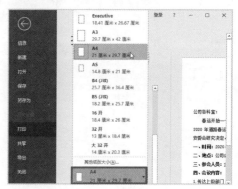

图1-38

Step04： 选择需要的打印机类型后，预览一下打印效果，如图1-39所示。确认无误后，单击"打印"按钮，打印即可。

图1-39

1.2 制作网上花店项目计划书

在开展一个项目之前首先要制订好项目计划书，以保证项目的可行性。本节将以制作网上花店项目计划书为例，介绍文档的自动排版，例如添加编号和项目符号、页眉页脚、水印等。

1.2.1 为计划书添加封面

用户可以使用内置的封面，为计划书添加一个封面页，并进行相应的修改，下面介绍具体的操作方法。

扫一扫，看视频

Step01：新建一个空白文档，并命名为"网上花店项目计划书"，打开"插入"选项卡，单击"封面"下拉按钮，从列表中选择合适的封面样式，如图1-40所示。

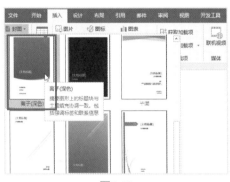

图1-40

Step02：插入一个封面页后，删除页面中多余的元素和控件。选择页面中的图形，在"绘图工具-格式"选项卡中，单击"形状填充"下拉按钮，从列表中选择"图片"选项，如图1-41所示。

Step03：打开"插入图片"对话框，从中选择合适的图片，单击"插入"按钮，如图1-42所示。为所选图形

填充图片。

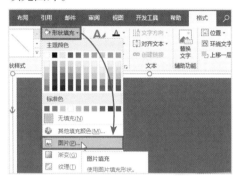

图1-41

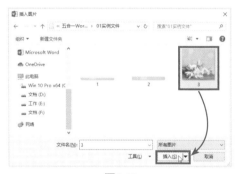

图1-42

> **知识点拨**
>
> **插入多张图片**
> 如果用户需要一次性插入多张图片，可以在"插入图片"对话框中，按住【Ctrl】键不放，依次选择多张图片，然后单击"插入"按钮即可。

Step04：打开"插入"选项卡，单击"形状"下拉按钮，从列表中选择"矩形"选项，如图1-43所示。

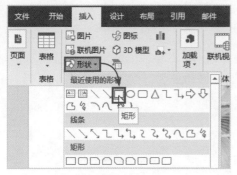

图1-43

Step05： 此时，鼠标光标变为十字形状，按住鼠标左键不放，拖动鼠标，在页面底部绘制一个合适大小的矩形，如图1-44所示。

图1-44

Step06： 打开"绘图工具-格式"选项卡，单击"形状填充"下拉按钮，从列表中选择合适的填充颜色，如图1-45所示。

图1-45

Step07： 单击"形状轮廓"下拉按钮，从列表中选择"无轮廓"选项，如图1-46所示。

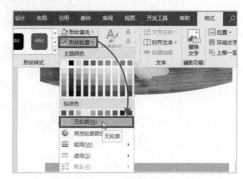

图1-46

Step08： 打开"插入"选项卡，单击"文本框"下拉按钮，从列表中选择"绘制横排文本框"选项，拖动鼠标，绘制一个文本框，如图1-47所示。

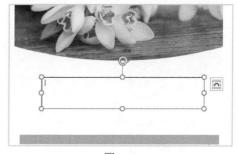

图1-47

Step09： 在文本框中输入标题文本，并将字体设置为"微软雅黑"，将字号设置为"39"，加粗显示，然后设置合适的字体颜色，如图1-48所示。

图1-48

Step10：打开"绘图工具-格式"选项卡，将"形状填充"设置为"无填充"，将"形状轮廓"设置为"无轮廓"，然后将标题放在页面合适位置即可，如图1-49所示。

图1-49

Step11：此时可以看到为项目计划书添加封面的效果，如图1-50所示。

图1-50

1.2.2 输入计划书内容并添加编号

为计划书添加封面后，需要输入正文内容，并为段落添加编号。下面介绍具体的操作方法。

扫一扫，看视频

（1）输入内容

输入内容后，用户需要设置内容的字体格式和段落格式。

Step01：将光标插入到第2页中，输入相关内容，然后选择所有正文内容，将字体设置为"宋体"，将字号设置为"五号"，并加粗一些标题文本，如图1-51所示。

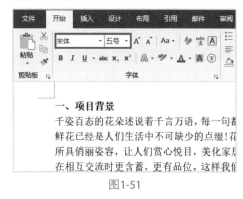

图1-51

Step02：再次选择所有正文内容，在"开始"选项卡中，单击"行和段落间距"下拉按钮，从列表中选择"1.5"，如图1-52所示。

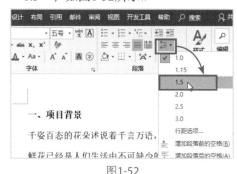

图1-52

Step03：选择段落文本，打开"段落"对话框，将"特殊格式"设置为"首行缩进"，如图1-53所示。然后按照同样的方法，为其他段落文本设置首行缩进。

图1-53

（2）添加编号

为段落添加编号，可以使段落更具有条理性。选择段落文本，在"开始"选项卡中单击"编号"下拉按钮，从列表中选择合适的编号样式即可，如图1-54所示。

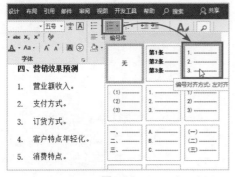

图1-54

1.2.3 为计划书添加项目符号

添加项目符号的方法和添加编号的方法很相似，下面介绍具体的操作方法。

扫一扫，看视频

Step01：选择段落文本，在"开始"选项卡中，单击"项目符号"下拉按钮，从列表中选择合适的项目符号样式即可，如图1-55所示。

图1-55

Step02：如果"项目符号"列表中没有需要的样式，可以在列表中选择

"定义新项目符号"选项，打开"定义新项目符号"对话框，单击"符号"按钮，如图1-56所示。

图1-56

Step03：打开"符号"对话框，选择不同的字体会出现不同的符号，这里使用默认的字体，选择好符号后，单击"确定"按钮，如图1-57所示。将会返回"定义新项目符号"对话框，继续单击"确定"按钮即可。

🔍 **知识点拨**

添加图片符号

在"定义新项目符号"对话框中，单击"图片"按钮，在打开的"插入图片"对话框中选择合适的图片，可以将所选图片设置为项目符号。

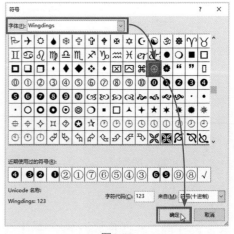

图1-57

1.2.4 为计划书添加页眉和页脚

像合同、论文、标书等大型文档一般都需要添加页眉和页脚，这里也需要为计划书添加页眉和页脚。下面介绍具体的操作方法。

扫一扫，看视频

（1）插入页眉

用户可以为计划书自定义一个页眉，具体操作方法如下。

Step01： 打开"插入"选项卡，单击"页眉"下拉按钮，从列表中选择"编辑页眉"选项，如图1-58所示。

图1-58

Step02： 页眉自动进入编辑状态，打开"插入"选项卡，单击"形状"下拉按钮，从列表中选择"矩形"选项，然后在页眉合适位置绘制一个矩形，如图1-59所示。

图1-59

Step03： 打开"绘图工具-格式"选项卡，为矩形设置合适的填充颜色，并将轮廓设置为"无轮廓"。在矩形上绘制一个文本框，如图1-60所示。

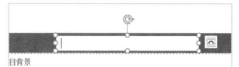

图1-60

Step04： 选中文本框，在"绘图工具-格式"选项卡中，将"形状填充"设置为"无填充"，将"形状轮廓"设置为"无轮廓"，然后在文本框中输入内容，设置内容的字体格式，如图1-61所示。

注意事项 删除页眉横线

插入页眉后，会出现一个页眉横线，为了不影响美观，可以选择横线上方的回车符，在"开始"选项卡中单击"边框"下拉按钮，从列表中选择"无框线"选项，将页眉横线删除。

图1-61

Step05： 打开"页眉和页脚工具-设计"选项卡，单击"关闭页眉和页脚"按钮，如图1-62所示，退出编辑状态。

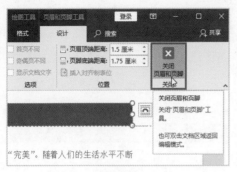

图1-62

Step06： 此时可以看到为项目计划书添加页眉的效果，如图1-63所示。

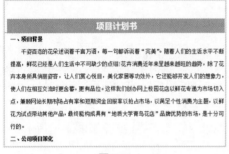

图1-63

（2）插入页脚

用户也可以为计划书添加页脚，具体操作方法如下。

Step01： 打开"插入"选项卡，单击"页脚"下拉按钮，从列表中选择"空白"选项，如图1-64所示。

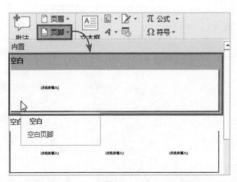

图1-64

Step02： 此时页脚处于编辑状态，

如图1-65所示。

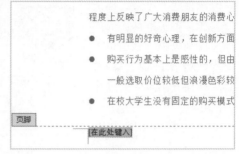

图1-65

Step03： 在"在此处键入"控件中输入日期，如图1-66所示。然后单击"关闭页眉和页脚"按钮，退出编辑状态即可。

图1-66

🔍 **知识点拨**

插入页码

如果用户需要为文档添加页码，可以在"插入"选项卡中单击"页码"下拉按钮，在列表中进行设置即可。

1.2.5 为计划书添加水印

为了防止他人盗用计划书中的内容，可以为计划书添加水印。下面将介绍具体的操作方法。

扫一扫，看视频

Step01： 打开"设计"选项卡，单击"水印"下拉按钮，根据需要从列表中选择系统内置的水印样式即可，如图1-67所示。

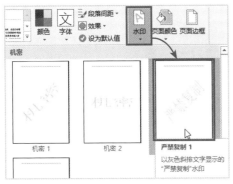

图1-67

Step02：如果对内置的水印样式不满意，可以在列表中选择"自定义水印"选项，打开"水印"对话框，从中选择"文字水印"单选按钮，然后设置"文字""字体""字号""颜色""版式"，设置好后单击"应用"按钮，如图1-68所示。

图1-68

Step03：此时可以看到为计划书添加自定义水印的效果，如图1-69所示。

Step04：如果用户想要使用一个特殊的图片作为水印，可以在"水印"对话框中选中"图片水印"单选按钮，然后单击"选择图片"按钮，如图1-70所示。

图1-69

图1-70

Step05：打开"插入图片"对话框，从中选择合适的图片插入即可，如图1-71所示。

注意事项 **选择水印图片**
选择作为水印的图片时，最好选择简单大方、颜色较深的图片。

图1-71

1.2.6 预览计划书文档

制作好项目计划书后，用户可以事先预览一下效果，下面介绍具体的操作方法。

Step01： 单击"文件"按钮，选择"打印"选项，如图1-72所示。

图1-73

图1-72

Step02： 在"打印"界面右侧，可以预览制作好的项目计划书，如图1-73所示。

Step03： 确认无误后，单击"打印"按钮即可打印当前计划书，如图1-74所示。

图1-74

拓展练习　**制作在职证明**

下面将运用前面所学制作文档的技巧，制作一个"在职证明"文档。

Step01： 新建一个空白文档，并命名为"在职证明"，打开该文档，切换至"布局"选项卡，单击"纸张方向"下拉按钮，从列表中选择"横向"选项，如图1-75所示。

Step02： 将光标插入到文档中，输入相关内容，如图1-76所示。

Step03： 选中标题文本，在"开始"选项卡中，设置好字体格式，并加粗显示，如图1-77所示。

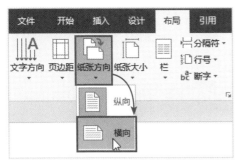

图1-75

在职证明
兹证明　　　　先生/女士，身份证号码
在我公司　　　　　　（部门）担任　　　　　一职。
特此证明！
本单位声明：
上述证明真实无误，我单位对此承担相应的法律责任。
此份在职证明复印无效。
单位公章：
证　明　人：李xx
联系电话：187xxxxxxxx
日　　期：2020年1月10日

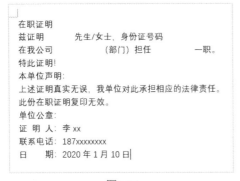

图1-76

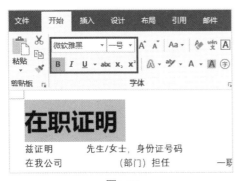

图1-77

Step04：在“开始”选项卡中单击“字体”选项组的对话框启动器按钮，打开“字体”对话框，打开“高级”选项卡，将“间距”设置为“加宽”，并将“磅值”设置为“5磅”，如图1-78所示。单击“确定”按钮。

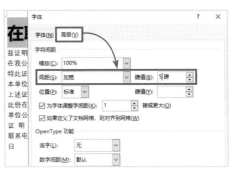

图1-78

Step05：选中正文中的空格，在“开始”选项卡中单击“下划线”按钮，添加下划线，如图1-79所示。然后按照同样的方法，添加其他下划线。

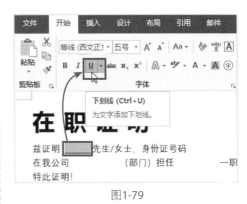

图1-79

Step06：选中正文内容，设置好文本格式，加粗显示所需文本，结果如图1-80所示。

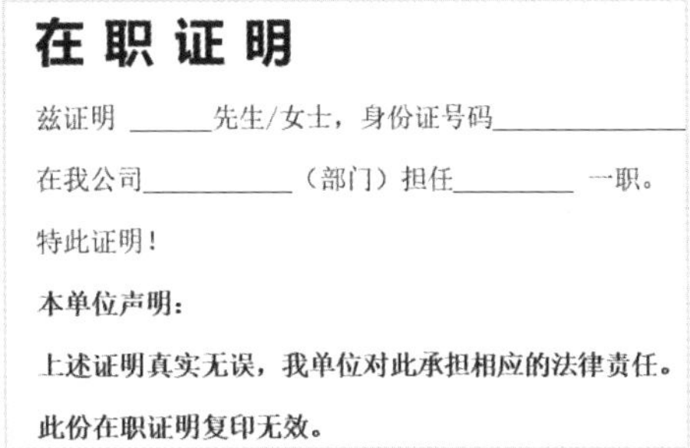

在 职 证 明
兹证明______先生/女士，身份证号码______________
在我公司__________（部门）担任________ 一职。
特此证明！
本单位声明：
上述证明真实无误，我单位对此承担相应的法律责任。
此份在职证明复印无效。

图1-80

Step07：将标题文本设置为“居中”显示，并将“段后”间距设置为

"1行"。为正文内容设置"首行缩进"和间距值，如图1-81所示。

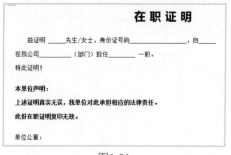

图1-81

Step08： 选中文本，在"开始"选项卡中单击"编号"下拉按钮，从列表中选择合适的编号样式，为所选文本添加编号，如图1-82所示。

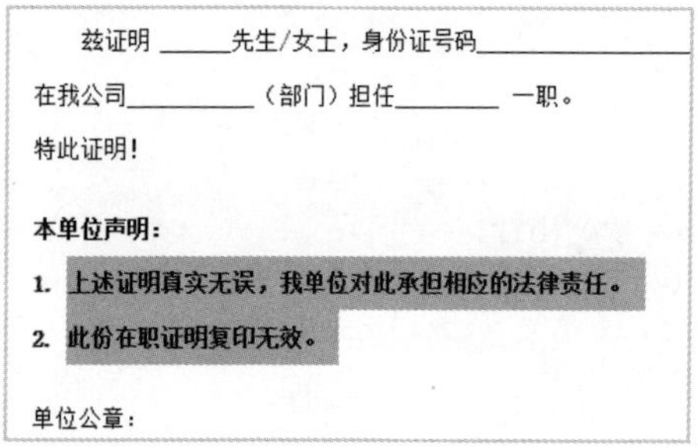

图1-82

Step09： 选中文本，打开"段落"对话框，将"左侧"缩进值设置为"49字符"，如图1-83所示。单击"确定"按钮。

图1-83

Step10： 此时可以查看制作的"在职证明"文档的效果，如图1-84所示。

图1-84

职场答疑Q&A

1. Q：如何快速创建空白文档？

A： 如果已经打开了一个文档，想要再创建一个空白文档，只需按【Ctrl+N】组合键，即可快速创建一个空白文档。

2. Q：如何删除文档中的水印？

A： 为文档添加水印后，如果需要将水印删除，可以在"设计"选项卡中

单击"水印"下拉按钮，从列表中选择"删除水印"选项即可。

3. Q：如何限制文档的编辑？

A： 如果用户只想其他人只能查看文档，而不能修改文档，可以限制其他人对文档的编辑。

Step01： 单击"文件"按钮，选择"信息"选项，单击"保护文档"下拉

按钮，从列表中选择"限制编辑"选项，如图1-85所示。

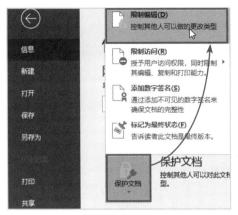

图1-85

Step02： 弹出"限制编辑"窗格，从中勾选"仅允许在文档中进行此类型的编辑"复选框，并设置为"不允许任何更改（只读）"，单击"是，启动强制保护"按钮，如图1-86所示。

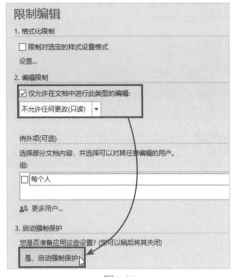

图1-86

Step03： 打开"启动强制保护"对话框，输入"新密码"和"确认新密码"，单击"确定"按钮，即可限制对文档的编辑。此时，用户只可以查看文档，不能修改文档。

第2章
文档的高级应用

内容导读

　　使用Word除了可以对文本进行基本的编辑操作外，还可以对文档进行高级设置，例如，自动提取目录、添加脚注或尾注、审阅文档、批量生成文档等。本章将对文档的高级应用进行详细的介绍。

案例效果

编排员工保密协议

制作出入证模板

批量制作出入证

2.1 制作员工保密协议模板

制作模板文档，主要是为了方便用户下次创建相同类型的文档时，可以直接套用。本节将以制作员工保密协议模板为例，介绍提取目录、添加脚注/尾注、审阅文档的操作方法。

2.1.1 创建协议内容

创建一个空白文档后，首先需要输入内容，并对内容的格式进行设置。下面介绍具体的操作方法。

扫一扫，看视频

Step01： 新建一个空白文档，命名为"员工保密协议"，打开该文档，输入标题文本"员工保密协议"，按回车键，输入其他内容，如图2-1所示。

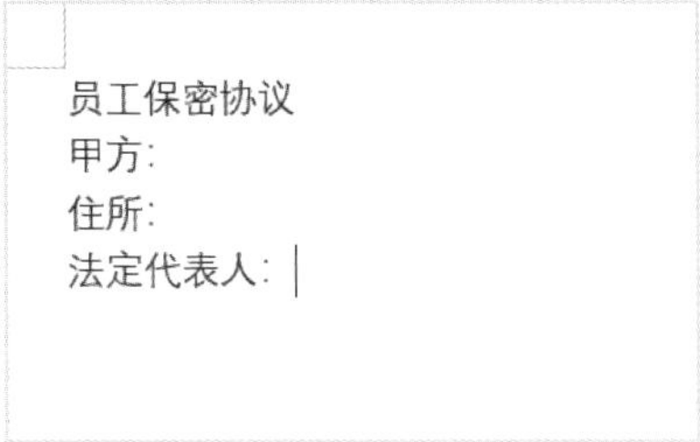

员工保密协议
甲方：
住所：
法定代表人：

图2-1

Step02： 打开"视图"选项卡，勾选"标尺"复选框，调出标尺，如图2-2所示。

图2-2

Step03： 将光标插入到"甲方："

文本后，在水平标尺"21"处单击鼠标左键，如图2-3所示。

员工保密协议
甲方：
住所：
法定代表人：

图2-3

Step04： 按【Tab】键，光标迅速定位至刚设置的制表符处，继续输入文本，如图2-4所示。

员工保密协议
甲方：   乙方：
住所：
法定代表人：

图2-4

Step05： 双击设置的制表符，打开"制表位"对话框，此时可以查看制表符在标尺上的精确位置为"20.93"。为了方便设置其余内容的制表位，这里将"默认制表位"设置为"20.93"，单击"确定"按钮，如图2-5所示。

> **注意事项** 设置制表符对齐方式
> 添加制表符前，需要将制表符设置为左对齐式制表符。

制表位
制表位位置(T):
20.93 字符
默认制表位(F):
20.93 字符
要清除的制表位:
对齐方式
左对齐(L)
居中对齐(C)
右对齐(R)
小数点对齐(D)
竖线对齐(B)
引导符
1 无(1)
2 .....(2)
3 ----(3)
4 ___(4)
5 ......(5)
设置(S)
清除(E)
全部清除(A)
确定
取消

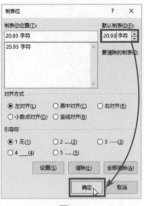

图2-5

Step06：将光标插入到“住所：”文本后，按【Tab】键，输入文本。按照同样的方法，输入其余内容，如图2-6所示。

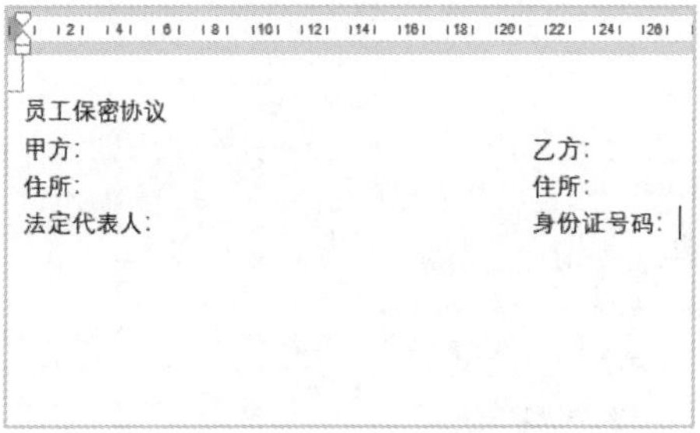

员工保密协议
甲方：
乙方：
住所：
住所：
法定代表人：
身份证号码：

图2-6

Step07：按【Enter】键另起一行，输入剩余内容，将光标插入到“甲方：”文本后，在“开始”选项卡中单击“下划线”按钮，按空格键，添加下划线。按照同样的方法，为其他文本添加下划线，如图2-7所示。

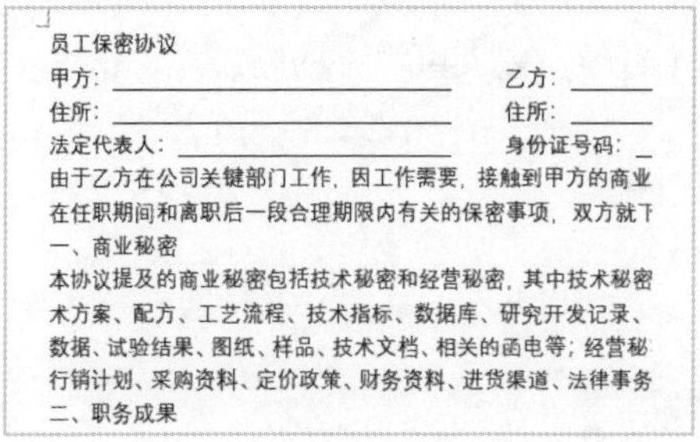

员工保密协议
甲方：
乙方：
住所：
住所：
法定代表人：
身份证号码：
由于乙方在公司关键部门工作，因工作需要，接触到甲方的商业
在任职期间和离职后一段合理期限内有关的保密事项，双方就下
一、商业秘密
本协议提及的商业秘密包括技术秘密和经营秘密，其中技术秘密
术方案、配方、工艺流程、技术指标、数据库、研究开发记录、
数据、试验结果、图纸、样品、技术文档、相关的函电等；经营秘
行销计划、采购资料、定价政策、财务资料、进货渠道、法律事务
二、职务成果

图2-7

> **知识点拨**
>
> **删除下划线**
>
> 若需要删除添加的下划线，只需要选择下划线，按【Delete】键即可。

Step08：选择标题文本，在“开始”选项卡中，将字体设置为“微软雅黑”，将字号设置为“小一”，并加粗显示，如图2-8所示。

文件
开始
插入
设计
布局
引用
邮件
审阅
粘贴
微软雅黑
小一
剪贴板
字体
员工保密协议
甲方：

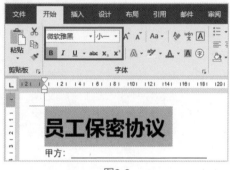

图2-8

Step09：单击“段落”选项组的对话框启动器按钮，打开“段落”对话框，在“缩进和间距”选项卡中，将“对齐方式”设置为“居中”，将“段后”间距设置为“2行”，如图2-9所示。单击“确定”按钮。

段落
缩进和间距(I)
换行和分页(P)
中文版式(H)
常规
对齐方式(G):
居中
大纲级别(O):
正文文本
默认情况下折叠(E)
缩进
左侧(L):
0 字符
右侧(R):
0 字符
特殊格式(S):
(无)
缩进值(Y):
对称缩进(M)
如果定义了文档网格，则自动调整右缩进(D)
间距
段前(B):
0 行
段后(F):
2 行
行距(N):
单倍行距
设置值(A):

图2-9

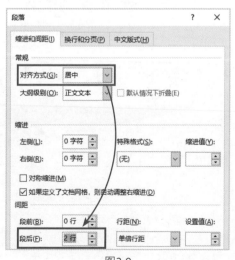

Step10：选中正文内容，在"开始"选项卡中，将字体设置为"宋体"，字号设置为"五号"，将"行距"设置为"1.5倍行距"，并为文本设置"首行缩进"，如图2-10所示。

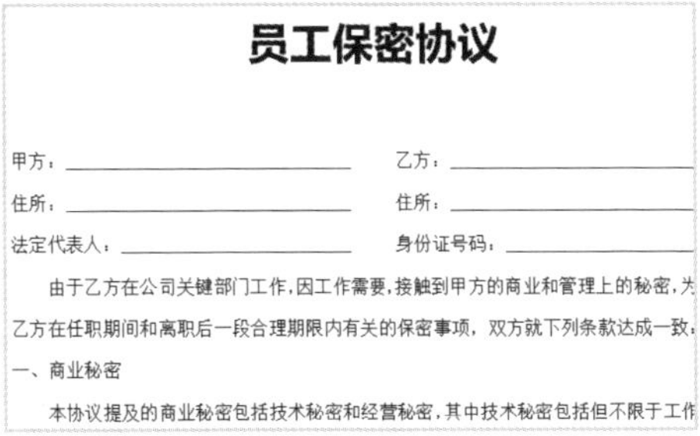

图2-10

Step11：选择段落文本，在"开始"选项卡中单击"编号"下拉按钮，从列表中选择合适的编号样式，如图2-11所示。

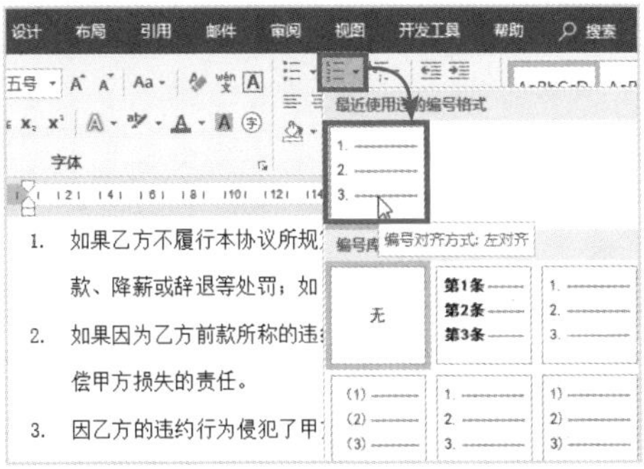

图2-11

Step12：选择段落文本，在"开始"选项卡中单击"项目符号"下拉按钮，从列表中选择需要的项目符号样式，如图2-12所示。

图2-12

2.1.2 应用样式设置协议格式

用户可以使用Word的"样式"功能，对协议内容进行统一设置，下面将介绍具体的操作方法。

扫一扫，看视频

Step01：将光标定位至"一、商业秘密"文本后面，在"开始"选项卡中单击"样式"下拉按钮，从列表中选择"创建样式"选项，如图2-13所示。

图2-13

Step02：打开"根据格式化创建新样式"对话框，在"名称"文本框中输入"自定义样式"，单击"修改"按钮，如图2-14所示。

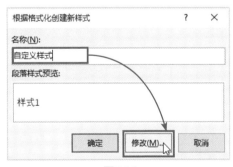

图2-14

Step03：打开"根据格式化创建新样式"对话框，在该对话框下方单击"格式"按钮，从列表中选择"字体"选项，如图2-15所示。

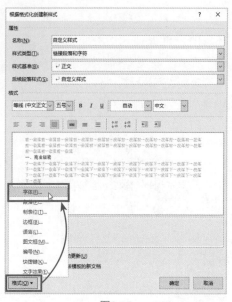

图2-15

Step04：打开"字体"对话框，将"中文字体"设置为"微软雅黑"，将"字形"设置为"加粗"，将"字号"设置为"四号"，如图2-16所示。单击"确定"按钮。

图2-16

Step05：返回"根据格式化创建新样式"对话框，再次单击"格式"按钮，从列表中选择"段落"选项，打开"段落"对话框，将"大纲级别"设置为"1级"，将"段前"和"段后"间距设置为"6磅"，如图2-17所示。单击"确定"按钮。

图2-17

Step06：返回"根据格式化创建新样式"对话框，直接单击"确定"按钮，此时可以看到"一、商业秘密"应用了自定义的样式，选中该文本，在"开始"选项卡中双击"格式刷"按钮，如图2-18所示。

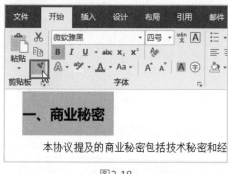

图2-18

Step07：选择其他文本内容，将自定义的样式复制到其他文本上，如图2-19所示。

🔍 知识点拨

修改样式

自定义好样式后，如果用户想要修改样式，可以在"样式"列表中，右击自定义的样式，从弹出的快捷菜单中选择"修改"命令即可。

一、商业秘密

　　本协议提及的商业秘密包括技术秘密和经营秘密，其中技术秘密技术方案、配方、工艺流程、技术指标、数据库、研究开发记录、试验数据、试验结果、图纸、样品、技术文档、相关的函电等；经营秘单、行销计划、采购资料、定价政策、财务资料、进货渠道、法律事等。

二、职务成果

图2-19

2.1.3 提取协议目录

　　通常在长文档中，都需要对文档添加目录，以便用户阅读。下面就将协议中的目录提取出来。

扫一扫，看视频

Step01： 将光标定位至"员工保密协议"文本前，打开"引用"选项卡，单击"目录"下拉按钮，从列表中选择合适的目录样式，这里选择"自动目录1"，如图2-20所示。

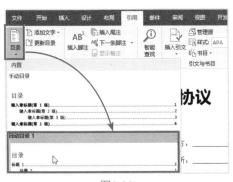

图2-20

　　Step02： 此时可以看到，已经将目录提取出来了，设置一下目录的字体格式和段落格式，查看最终效果，如图2-21所示。

注意事项　提取目录需注意

这里之所以能将目录直接提取出来，是因为在前面为标题设置了大纲级别。只有设置了大纲级别，才能将目录提取出来。

目录

一、商业秘密 1
二、职务成果 1
三、保守规章和制度 1
四、保密责任 2
五、保密期限 2
六、任职期间 2
七、侵权责任 2
八、争议解决 2
九、其它事项 3
十、生效 3

图2-21

2.1.4 添加脚注或尾注

　　如果用户需要对某个文本进行注释，可以为其添加脚注或尾注，下面介绍具体的操作方法。

扫一扫，看视频

　　Step01： 选择需要添加脚注的文本，打开"引用"选项卡，单击"插入脚注"按钮，如图2-22所示。

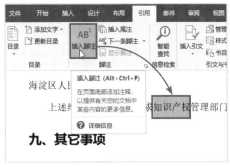

图2-22

　　Step02： 此时，光标自动定位至该页面底部，直接输入注释内容即可，如图2-23所示。

甲方： ＿＿＿＿＿＿＿　　乙方签字：
代表： ＿＿＿＿＿＿＿　　身份证号：

＿＿＿＿＿＿＿＿＿＿＿＿＿＿＿＿＿

¹ 知识产权，也称为"知识所属权"，指"权利人在有限时间内有效。"

图2-23

Step03： 如果用户需要插入尾注，只需要在"引用"选项卡中单击"插入尾注"按钮，如图2-24所示。即可在文档的末尾插入尾注。

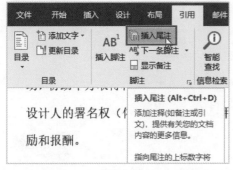

图2-24

2.1.5 审阅协议内容

协议内容整理完成后，要对其进行一次审阅，以保证协议内容的正确严谨。

扫一扫，看视频

（1）拼写检查

用户可以使用"拼写和语法"功能，检查文档中的英文拼写或语法是否正确。

Step01： 打开"审阅"选项卡，单击"校对"选项组的"拼写和语法"按钮，如图2-25所示。

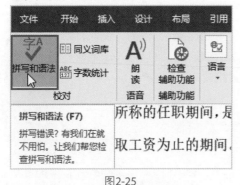

图2-25

Step02： 系统自动弹出一个"校对"窗格，在该窗格中根据提示进行修

改。修改后会弹出一个对话框，提示拼写和语法检查完成，单击"确定"按钮，如图2-26所示，完成校对。

图2-26

（2）字数统计

如果用户需要统计协议内容的字数，可以按照以下方法操作。

Step01： 打开"审阅"选项卡，单击"字数统计"按钮，如图2-27所示。

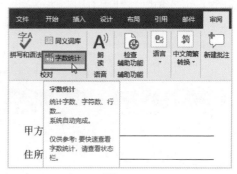

图2-27

Step02： 打开"字数统计"对话框，从中可以查看文档的页数、字数、字符数、段落数、行等，如图2-28所示。

图2-28

（3）添加批注

如果用户需要对协议内容提出意见或建议，可以为其添加批注。

Step01： 选择需要添加批注的文本，打开"审阅"选项卡，单击"新建批注"按钮，如图2-29所示。

图2-29

Step02： 在文档右侧会弹出一个批注框，在批注框中输入文本内容即可，如图2-30所示。

图2-30

（4）修订文档内容

如果用户需要修改文档内容，但又想保留修改痕迹，可以使用"修订"功能。

Step01： 打开"审阅"选项卡，单击"修订"选项组的"修订"按钮，如图2-31所示。

Step02： 此时，"修订"按钮呈现选中状态，选择文档中需要删除的文本

内容，然后将其删除，可以看到被删除的文本上方出现一条蓝色的删除横线，如图2-32所示。

图2-31

九、其它事项

● 本协议如与双方以前的任何口头或书面协议有抵触

● 本协议的修改必须采用书面形式……

● 本协议正本一式二份，甲乙双方各执一份。

十、生效

本协议自双方签字盖章之日起生效。

甲方：_____　　乙方签字：_____

图2-32

🔍 知识点拨

取消修订

修订文档后，若不再需要对文档内容进行修订，可以再次单击"修订"按钮，取消修订的选中状态即可。

Step03： 如果用户想要隐藏修订的内容，可以单击左侧的灰色竖线，灰色竖线会变成红色竖线，如图2-33所示。

🔍 知识点拨

接受/拒绝修订

若用户接受修订的内容，可以在"审阅"选项卡中单击"接受"下拉按钮，从列表中进行相应的选择，若拒绝修订的内容，单击"拒绝"下拉按钮，然后根据需要进行选择即可。

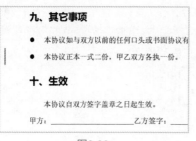

图2-33

2.1.6 保存模板

保密协议制作好后，用户需要将其另存为模板，以便下次使用时直接套用模板。

扫一扫，看视频

Step01： 单击"文件"按钮，选择"另存为"选项，在"另存为"界面单击"浏览"按钮，如图2-34所示。

图2-34

Step02： 打开"另存为"对话框，将"保存类型"设置为"Word模板"，最后单击"保存"按钮即可，如图2-35所示。

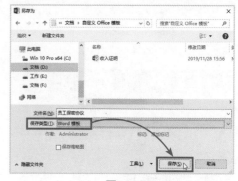

图2-35

Step03： 模板保存后，当下次要用时，可以在"新建"界面中选择"个人"选项，从中选择调用即可，如图2-36所示。

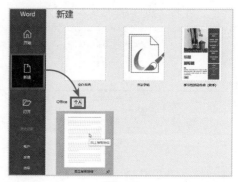

图2-36

2.2 批量制作项目出入证

出入证是员工出入的凭证。在一些机密机关工作或涉及运作机密项目时，需要出示相关证明方可出入。本节将以制作项目出入证为例，介绍批量制作文档的操作方法。

2.2.1 设置出入证的页面

在制作出入证之前，需要对文档的页面进行设置，下面介绍具体的操作方法。

扫一扫，看视频

（1）设置页面大小

出入证的大小一般为86毫米×54毫米，下面来设置页面大小。

Step01： 新建一个空白文档，并命名为"项目出入证"，打开"布局"选项卡，单击"页面设置"选项组的对话框启动器按钮，如图2-37所示。

图2-37

Step02：打开"页面设置"对话框，在"页边距"选项卡中，将"上""下""左""右"的页边距设置为"1厘米"，如图2-38所示。

图2-38

Step03：切换至"纸张"选项卡，将"纸张大小"设置为"自定义大小"，并将"宽度"设置为"8.6厘米"，将"高度"设置为"5.4厘米"，如图2-39所示。

图2-39

（2）设置页面版式

设置好页面的大小后，需要设置页面的版式，具体操作方法如下。

Step01：打开"插入"选项卡，单击"形状"下拉按钮，从列表中选择"矩形"选项，如图2-40所示。

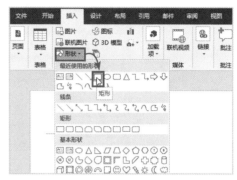

图2-40

Step02：此时鼠标光标变为十字形，按住鼠标左键不放，拖动鼠标，绘制一个矩形，如图2-41所示。

图2-41

Step03：打开"绘图工具-格式"选项卡，单击"形状填充"下拉按钮，从列表中选择合适的填充颜色，如图2-42所示。

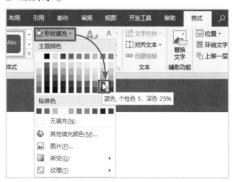

图2-42

Step04：单击"形状轮廓"下拉按钮，从列表中选择"无轮廓"选项，如图2-43所示。

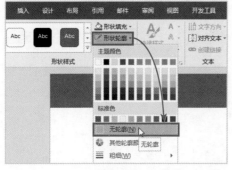

图2-43

Step05：打开"插入"选项卡，单击"图片"按钮，如图2-44所示。

图2-44

Step06：打开"插入图片"对话框，从中选择需要的图片，单击"插入"按钮，如图2-45所示。

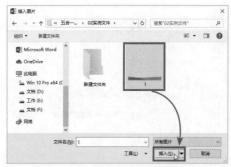

图2-45

Step07：插入图片后，在"图片工具-格式"选项卡中，单击"环绕文字"下拉按钮，从列表中选择"衬于文字下方"选项，如图2-46所示。

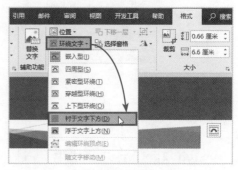

图2-46

Step08：调整图片大小，并将图片放在页面底部，如图2-47所示。

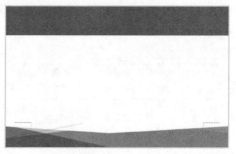

图2-47

（3）输入内容

制作好出入证的版式后，接下来需要在其中输入相关内容，具体操作方法如下。

Step01：打开"插入"选项卡，单击"文本框"下拉按钮，从列表中选择"绘制横排文本框"选项，拖动鼠标，绘制一个文本框，如图2-48所示。

Step02：选中文本框，打开"绘图工具-格式"选项卡，将"形状填充"设置为"无填充"，将"形状轮廓"设置为"无轮廓"，如图2-49所示。

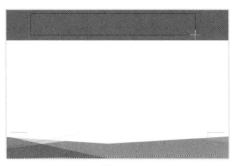

图2-48

图2-49

Step03：在文本框中输入标题文本，并将文本的字体设置为"微软雅黑"，将字号设置为"小二"，将字体颜色设置为白色，加粗显示，最后设置字符间距，如图2-50所示。

图2-50

Step04：再次绘制一个文本框，并设置文本框的样式，输入相关内容，然后添加下划线，如图2-51所示。

图2-51

Step05：绘制一个放置员工照片的文本框，并将"形状填充"设置为"无填充"，然后设置合适的轮廓颜色，如图2-52所示。

图2-52

2.2.2 导入人员信息

在批量生成出入证之前，需要使用"邮件合并"功能，插入域，将人员信息导入到文档中。

扫一扫，看视频

Step01：新建一个"名单"表格，并在其中输入员工的姓名、职务、编号和员工照片所在位置，这里使用"\\"表示下一级，如图2-53所示。

	A	B	C	D
1	姓名	职务	编号	照片
2	赵宇	建筑师	DS01	C:\\Users\\Administrator\\Desktop\\照片\\赵宇.JPG
3	陈锋	建筑师	DS02	C:\\Users\\Administrator\\Desktop\\照片\\陈锋.JPG
4	李媛	建筑师	DS03	C:\\Users\\Administrator\\Desktop\\照片\\李媛.JPG
5	马可	工程师	DS04	C:\\Users\\Administrator\\Desktop\\照片\\马可.JPG
6	陈萍	工程师	DS05	C:\\Users\\Administrator\\Desktop\\照片\\陈萍.JPG
7	张嘉倪	工程师	DS06	C:\\Users\\Administrator\\Desktop\\照片\\张嘉倪.JPG

图2-53

Step02： 将光标插入到"姓名："文本后，打开"邮件"选项卡，单击"选择收件人"下拉按钮，选择"使用现有列表"选项，如图2-54所示。

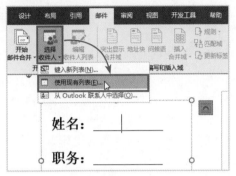

图2-54

Step03： 打开"选取数据源"对话框，从中选择创建的"名单"工作表，单击"打开"按钮，如图2-55所示。

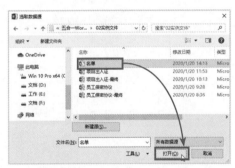

图2-55

Step04： 弹出"选择表格"对话框，选择工作表后单击"确定"按钮，如图2-56所示。

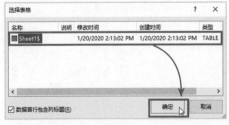

图2-56

Step05： 在"邮件"选项卡中单击

"插入合并域"下拉按钮，从列表中选择"姓名"选项，如图2-57所示。

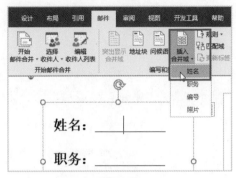

图2-57

Step06： 此时，在"姓名："文本后插入了"《姓名》"域，设置一下域文本的字体格式，如图2-58所示。

图2-58

Step07： 按照同样的方法，插入"职务""编号"域，如图2-59所示。

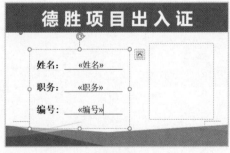

图2-59

Step08： 将光标插入到照片文本框

中，打开"插入"选项卡，单击"文档部件"下拉按钮，从列表中选择"域"选项，如图2-60所示。

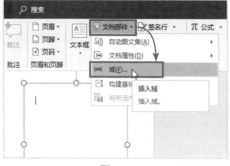

图2-60

Step09： 打开"域"对话框，在"域名"列表框中选择"IncludePicture"选项，并在"文件名或URL"文本框中输入任意文本，这里输入"123"，如图2-61所示，单击"确定"按钮。

图2-61

Step10： 选中图片域，按【Shift+F9】组合键，显示域信息，如图2-62所示。

Step11： 选中"123"，在"邮件"选项卡中单击"插入合并域"下拉按钮，从列表中选择"照片"选项，如图2-63所示。

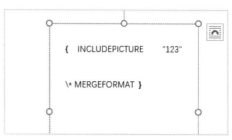

图2-62

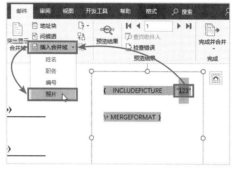

图2-63

Step12： 选中图片，按【F9】键进行刷新，即可显示对应的照片，最后调整一下照片的大小，并将文本框设置为"无轮廓"，如图2-64所示。

图2-64

2.2.3 批量生成出入证

插入合并域后，接下来就开始进行合并操作，批量生成出入证，下面介绍具体的操作方法。

扫一扫，看视频

Step01： 在"邮件"选项卡中单击"完成并合并"下拉按钮，选择"编辑单个文档"选项，如图2-65所示打开

"合并到新文档"对话框，直接单击"确定"按钮，如图2-66所示。

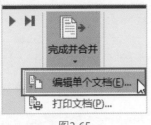

图2-65

图2-66

Step02： 系统自动生成一个新文档，在该文档中可以查看批量生成的出入证，如果照片仍显示为同一张，可以选中照片，按【F9】键刷新即可，如图2-67所示。

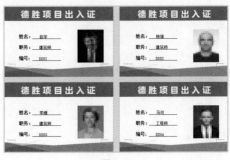

图2-67

拓展练习 制作培训反馈调查问卷

下面将运用前面所学制作文档的技巧，制作一个"培训反馈调查问卷"文档。

Step01： 新建一个空白文档，并命名为"培训反馈调查问卷"，打开该文档，输入相关内容，并设置文本的字体格式和段落格式，如图2-68所示。

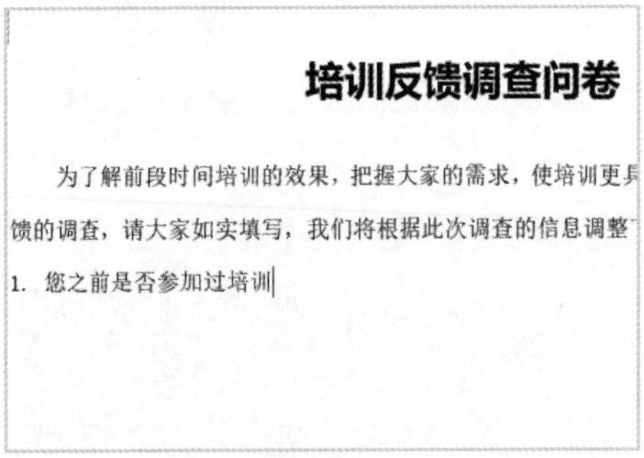

培训反馈调查问卷

为了解前段时间培训的效果，把握大家的需求，使培训更具……馈的调查，请大家如实填写，我们将根据此次调查的信息调整……
1. 您之前是否参加过培训|

图2-68

Step02： 按【Enter】键另起一行，清除所有格式，打开"开发工具"选项卡，单击"旧式工具"下拉按钮，选择

"选项按钮（ActiveX控件）"选项，如图2-69所示。

图2-69

Step03： 插入一个选项按钮控件，在该控件上单击鼠标右键，从弹出的快捷菜单中选择"属性"命令，如图2-70所示。

图2-70

Step04： 打开"属性"对话框，从中将【AutoSize】设置为"True"，在【Caption】文本框中输入"是"，在【GroupName】文本框中输入"第1项"，单击【Font】属性右侧按钮，如图2-71所示。

属性	
OptionButton1 OptionButton	

按字母序	按分类序	
（名称）	OptionButton1
Accelerator	
Alignment	1 - fmAlignmentRight
AutoSize	True
BackColor	&H80000005&
BackStyle	1 - fmBackStyleOpaque
Caption	是
Enabled	True
Font	System
ForeColor	&H80000008&
GroupName	第1项
Height	19.5
Locked	False
MouseIcon	(None)

图2-71

注意事项 部分属性选项说明
"属性"对话框中【Caption】属性的值是"是"，这个值为选择题选项的内容。设置第1题的选项时，需要将【GroupName】的属性值设置为"第1项"，设置第2题时，需要将第2题的单选按钮控件的【GroupName】属性值设置为"第2项"，以此类推。

Step05： 打开"字体"对话框，将"字体"设置为"宋体"，将"字形"设置为"常规"，将"大小"设置为"五号"，单击"确定"按钮，如图2-72所示。

图2-72

Step06： 返回"属性"对话框，单击"关闭"按钮，关闭该对话框，此时可以看到添加的控件选项，如图2-73所示。

> 为了解前段时间培训的效果，把握大家
> 馈的调查，请大家如实填写，我们将根据此
> 1．您之前是否参加过培训
> ○ 是

图2-73

Step07： 按照同样的方法，为第1题添加第2个控件选项，如图2-74所示。

> 为了解前段时间培训的效果，把握
> 馈的调查，请大家如实填写，我们将根
> 1．您之前是否参加过培训
> ○ 是　　　　　　　○ 否

图2-74

Step08： 接着设置第2题、第3题、

第4题等，设置好后在"开发工具"选项卡中单击"设计模式"按钮，如图2-75所示，退出设计模式。

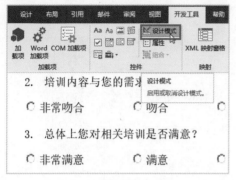

图2-75

Step09：此时，可以对各题进行相应的选择，如图2-76所示。

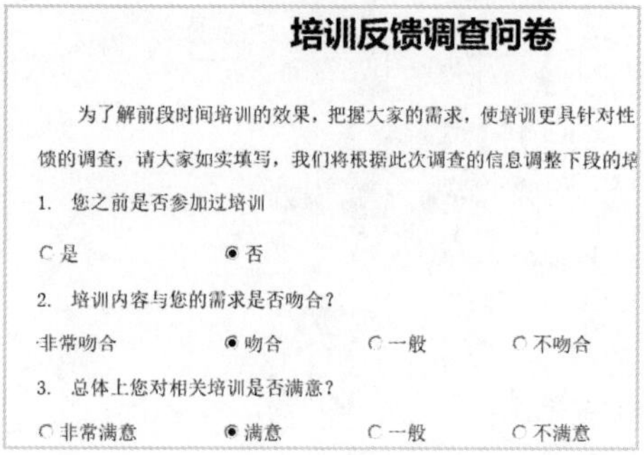

培训反馈调查问卷

为了解前段时间培训的效果，把握大家的需求，使培训更具针对性馈的调查，请大家如实填写，我们将根据此次调查的信息调整下段的培

1. 您之前是否参加过培训

○ 是　　　　　　　● 否

2. 培训内容与您的需求是否吻合？

非常吻合　　　● 吻合　　　○ 一般　　　○ 不吻合

3. 总体上您对相关培训是否满意？

○ 非常满意　　　● 满意　　　○ 一般　　　○ 不满意

图2-76

职场答疑Q&A

1.　Q：如何快速清除文本格式？

　　A：在"开始"选项卡中，单击"清除所有格式"按钮，即可快速清除文本的格式。

2.　Q：如何快速隐藏两页之间的空白？

　　A：默认情况下，每页的上下部分都会留有一定的空白，如果用户想要将空白隐藏，可以在两页之间的连接处，双击鼠标即可，如图2-77所示。

图2-77

3.　Q：如何实现简繁转换？

　　A：如果用户需要将简体中文转换成繁体，或将繁体转换成简体，可以在"审阅"选项卡中单击"繁转简"按钮

或"简转繁"按钮即可。

4.　Q：如何为文档分栏？

　　A：有时需要将文档内容设置成两栏或三栏显示，只需要在"布局"选项卡中单击"栏"下拉按钮，从列表中选择需要的栏数即可。

5.　Q：如何删除文档中的脚注？

　　A：当不再需要对文本内容进行注释时，可以将脚注删除，只需要在文档中选择脚注标记，直接按【Delete】键，即可将脚注删除，如图2-78所示。

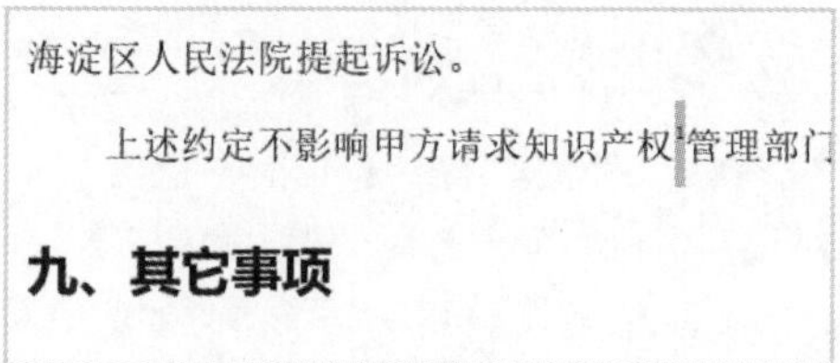

海淀区人民法院提起诉讼。

上述约定不影响甲方请求知识产权管理部门

九、其它事项

图2-78

第**3**章
文档的图表混排

内容导读

　　在Word文档中不仅可以对文字进行排版，还可以在文档中插入图片、图形、艺术字、流程图、表格等，制作图表混排。本章将以案例的形式详细介绍文档的图表混排。

案例效果

制作招聘海报

制作求职简历

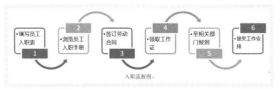

制作员工入职流程图

3.1 制作企业招聘海报

招聘海报上一般会显示招聘岗位、招聘条件、薪资待遇等，一个出色的招聘海报，或许会吸引更多的人才前来应聘。本节将以制作企业招聘海报为例，介绍图片、图形、艺术字、文本框的插入与编辑。

3.1.1 设置海报页面

在制作招聘海报之前，用户需要对海报的页面进行设置，下面介绍具体的操作方法。

Step01： 新建空白文档，命名为"企业招聘海报"。切换至"布局"选项卡，单击"页面设置"选项组的对话框启动器按钮，如图3-1所示。

图3-1

Step02： 打开"页面设置"对话框，在"页边距"选项卡中，将"上""下""左""右"的页边距设置为"2厘米"，如图3-2所示。

图3-2

3.1.2 插入并编辑图片

制作招聘海报，需要在其中插入图片，并调整图片的大小，然后对图片进行裁剪。下面将介绍具体的操作方法。

扫一扫，看视频

Step01： 打开"插入"选项卡，单击"图片"按钮，如图3-3所示。

图3-3

Step02： 打开"插入图片"对话框，从中选择需要的图片，单击"插入"按钮，如图3-4所示。

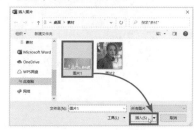

图3-4

Step03： 将图片插入到文档中后，选择图片，打开"图片工具-格式"选项卡，单击"环绕文字"下拉按钮，从列表中选择"衬于文字下方"选项，如图3-5所示。

图3-5

Step04：调整图片的大小，并将其放在页面合适位置，如图3-6所示。

图3-6

Step05：按【Ctrl+C】和【Ctrl+V】组合键复制图片，并将图片放在文档页面底部，打开"图片工具-格式"选项卡，单击"裁剪"下拉按钮，从列表中选择"裁剪"选项，如图3-7所示。

图3-7

Step06：进入裁剪状态后，将光标放在裁剪点上，按住鼠标左键不放，拖动鼠标，对图片进行裁剪，如图3-8所示。

图3-8

Step07：裁剪好后按【Esc】键，退出裁剪状态。选中裁剪后的图片，在"图片工具-格式"选项卡中单击"旋转"下拉按钮，从列表中选择"垂直翻转"选项，如图3-9所示。

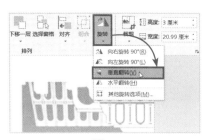

图3-9

 知识点拨

调整图片方向

用户除了使用"旋转"命令来调整图片的方向外，还可以选中图片，将光标放在图片上方的旋转柄上，然后按住鼠标左键不放，拖动鼠标，调整图片方向。

3.1.3 插入并编辑艺术字

用户可以使用艺术字来制作招聘海报的标题，这样看起来更加美观，下面将介绍具体的操作方法。

扫一扫，看视频

Step01：打开"插入"选项卡，单击"艺术字"下拉按钮，从列表中选择合适的艺术字样式，如图3-10所示。

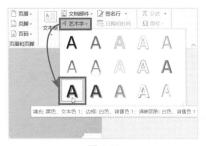

图3-10

Step02：文档页面随即插入一个文本框，在文本框中输入"招聘"文本，并将文本的字体设置为"微软雅黑"，字号设置为"115"，最后将文本放在页面合适位置，如图3-11所示。

图3-11

Step03： 选择文本框，打开"绘图工具-格式"选项卡，单击"文本填充"下拉按钮，从列表中选择合适的填充颜色，如图3-12所示。

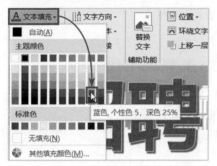

图3-12

Step04： 此时可以看到插入的艺术字效果，如图3-13所示。

图3-13

知识点拨

更改艺术字效果

在"绘图工具-格式"选项卡中，单击"文本效果"下拉按钮，可以为艺术字设置"阴影""映像""发光""棱台""转换"等效果。

3.1.4 插入并编辑形状

在招聘海报中插入形状，用来修饰页面，下面将介绍具体的操作方法。

扫一扫，看视频

Step01： 打开"插入"选项卡，单击"形状"下拉按钮，从列表中选择"矩形"选项，如图3-14所示。

图3-14

Step02： 此时，光标变为十字形，按住鼠标左键不放，拖动鼠标，绘制一个合适大小的矩形，如图3-15所示。

图3-15

Step03： 打开"绘图工具-格式"选项卡，单击"形状填充"下拉按钮，从列表中选择"蓝色，个性色5"选项，如图3-16所示。

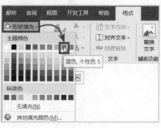

图3-16

Step04：单击"形状轮廓"下拉按钮，从列表中选择"无轮廓"选项，如图3-17所示。

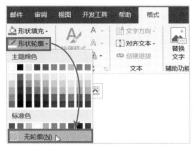

图3-17

Step05：选择形状，单击鼠标右键，从弹出的快捷菜单中选择"添加文字"命令，如图3-18所示。

图3-18

Step06：光标插入到形状中，输入文本"平面设计"，并将文本的字体设置为"微软雅黑"，字号设置为"三号"，加粗显示，如图3-19所示。

图3-19

Step07：选中形状，按住【Ctrl】键不放的同时，拖动鼠标，复制两个形状，更改形状中的文本内容，然后将其

放在页面合适位置，如图3-20所示。

图3-20

3.1.5 插入并编辑文本框

使用文本框，可以更加轻松自如地对招聘海报中的文本进行排版，下面介绍具体的操作方法。

扫一扫，看视频

Step01：打开"插入"选项卡，单击"文本框"下拉按钮，从列表中选择"绘制横排文本框"选项，如图3-21所示。

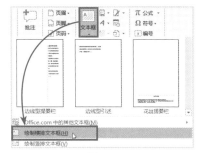

图3-21

Step02：此时鼠标光标变为十字形，按住鼠标左键不放，拖动鼠标，绘制一个横排文本框，如图3-22所示。

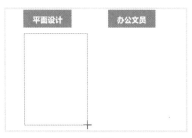

图3-22

43

Step03： 选中文本框，打开"绘图工具-格式"选项卡，单击"形状填充"下拉按钮，从列表中选择"无填充"选项，如图3-23所示。

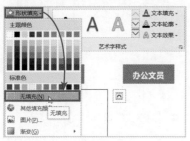

图3-23

Step04： 单击"形状轮廓"下拉按钮，从列表中选择"无轮廓"选项，如图3-24所示。

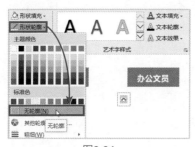

图3-24

Step05： 将光标插入到文本框中，输入相关文本内容，并设置文本的字体格式，如图3-25所示。

图3-25

Step06： 按照同样的方法，绘制其他文本框，然后在文本框中输入相关内容，并设置文本的字体格式，如图3-26所示。

图3-26

3.1.6 插入二维码

如果招聘海报中不能展示公司的全部信息，可以在海报中插入二维码。通过扫描二维码，来了解公司的详细信息。下面将介绍如何插入二维码。

Step01： 打开"开发工具"选项卡，单击"旧式工具"下拉按钮，从列表中选择"其他控件"选项，如图3-27所示。

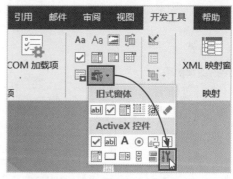

图3-27

Step02： 打开"其他控件"对话框，从中选择"Microsoft BarCode Control 16.0"，单击"确定"按钮，如图3-28所示。

Step03： 文档中插入一个条形码，选择条形码，单击鼠标右键，从弹出的快捷菜单中选择"属性"命令，如图3-29所示。

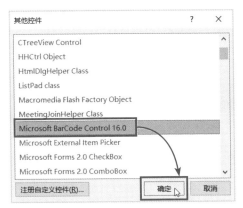

图3-28

图3-29

Step04： 打开"属性"对话框，单击"（自定义）"右侧的"…"按钮，如图3-30所示。

图3-30

Step05： 打开"属性页"对话框，单击"样式"下拉按钮，从列表中选择"11 - QR Code"选项，单击"应用"按钮，单击"确定"按钮，如图3-31所示。

图3-31

Step06： 返回"属性"对话框，在Value后面的文本框中输入公司网址"http://www.dssf007.com/"，关闭对话框，如图3-32所示。

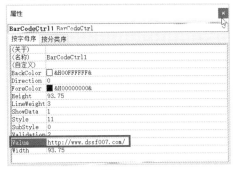

图3-32

Step07： 此时文档中插入一个二维码，选择二维码，按【Ctrl+C】组合键进行复制，在"开始"选项卡中单击"粘贴"下拉按钮，从列表中选择"图片"选项，如图3-33所示。

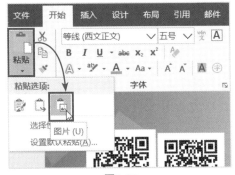

图3-33

Step08：将二维码复制成图片格式，删除之前的二维码，然后选择图片格式的二维码，将其设置为"浮于文字上方"，最后调整二维码的大小，放在页面合适位置，如图3-34所示。

图3-34

Step09：此时可以查看企业招聘海报的效果，如图3-35所示。

图3-35

知识点拨

调出"开发工具"选项卡
如果Word中没有"开发工具"选项卡，可以单击"文件"按钮，选择"选项"选项，在打开的对话框中选择"自定义功能区"选项，在右侧的"主选项卡"中找到并勾选"开发工具"这一项，然后确定即可。

3.2 制作员工入职流程图

流程图对于职场人员来说再熟悉不过了。利用流程图可以很直观地了解制作者的意图。那如何既快又好地做好流程图呢？下面将以制作员工入职流程图为例，来介绍流程图的制作方法。

3.2.1 使用SmartArt图形制作流程图

SmartArt 图形是信息和观点的视觉表示形式。用户可以通过各种不同形式的SmartArt 图形来创建流程图。具体创建方法如下。

扫一扫，看视频

Step01：打开素材文件，选择流程图插入点，如图3-36所示。

图3-36

Step02：在"插入"选项卡"插图"选项组中，单击"SmartArt"按钮，如图3-37所示。

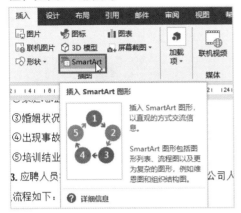

图3-37

Step03：在打开的对话框中，选择"流程"选项，在中间的列表中，选择一个合适的流程图形，这里选择"交替流"，在右侧会出现该图形的示例，选择完成后，单击"确定"按钮，如图3-38所示。

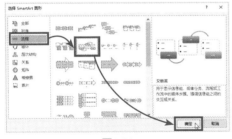

图3-38

Step04：返回到文档中，会看到文档中已经插入了SmartArt图形。使用鼠标拖动图形的控制角点调整图形的大小和位置，如图3-39所示。

图3-39

注意事项 调整流程图的位置

插入流程图后，在流程图右上角会显示"布局选项"图标。单击该图标，则会打开排列列表，选择一种排列方式即可，如图3-40所示。

图3-40

Step05：单击图形中的"[文本]"输入相关文字内容，如图3-41所示。

图3-41

Step06：选择图形，单击鼠标右键，在"添加形状"中，选择"在后面添加形状"选项，如图3-42所示。

图3-42

Step07：此时，在当前图形右侧结尾处，会添加一个空白图形，如图3-43所示。

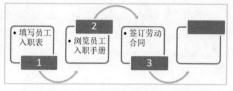

图3-43

Step08： 选择新添加的图形，单击鼠标右键，选择"编辑文字"选项，如图3-44所示。

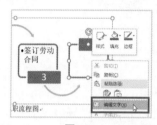

图3-44

Step09： 设置好后，输入文字内容。按照该方法，完成所有图形的添加和文本内容的填写，如图3-45所示。

图3-45

Step10： 将文本字体改为"微软雅黑"，字号为"9号"，调整SmartArt图形的大小和位置，如图3-46所示。

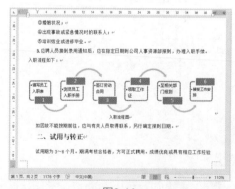

图3-46

Step11： 在"SmartArt工具-设计"

选项卡的"SmartArt样式"选项组中，单击"更改颜色"下拉按钮，选择"彩色-个性色"选项，如图3-47所示。

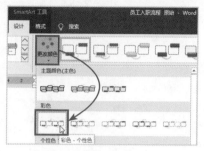

图3-47

Step12： 设置完成后，当前制作的SmartArt图形颜色已更改，结果如图3-48所示。

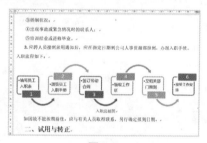

图3-48

> 🔍 **知识点拨**
>
> **自定义SmartArt图形颜色**
> 以上介绍的是套用系统自带的颜色，用户还可以自定义其颜色。在"SmartArt工具-格式"选项卡中，单击"形状填充"下拉按钮，选择满意的颜色。按照同样的操作，还可以自定义图形的样式。

3.2.2 使用形状工具制作流程图

SmartArt图形的优势就是简单、快速。但有时可能对其自带的样式不满意时，用户可以使用"形

扫一扫，看视频

状"工具绘制独特的流程图。下面以制作"提前转正申请"流程图为例，介绍具体的操作方法。

Step01： 指定好位置，在"插入"选项卡的"形状"选项组中，单击"矩形：圆角"按钮，如图3-49所示。

图3-49

Step02： 使用鼠标拖拽的方法，绘制出一个圆角矩形，调整位置和大小后，如图3-50所示。

图3-50

Step03： 在"绘图工具-格式"选项卡"形状样式"选项组中，单击"形状填充"下拉按钮，选择好填充色，如图3-51所示。

图3-51

Step04： 单击"形状轮廓"下拉按钮，设置好轮廓颜色，如图3-52所示。

图3-52

Step05： 单击"形状效果"下拉按钮，在"阴影"选项中，选择"外部-偏移：右下"选项，如图3-53所示。

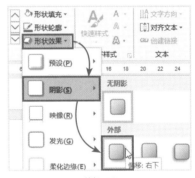

图3-53

Step06： 使用复制功能，复制出3个矩形，如图3-54所示。

图3-54

Step07： 为其余3个圆角矩形，设置不同的轮廓颜色，并在"形状轮廓"下的"粗细"中，将所有矩形轮廓调整为"2.25磅"，如图3-55所示。

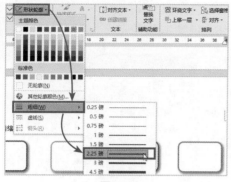

图3-55

Step08： 在"插入"选项卡的"形状"列表中，选择向右的箭头图形，如图3-56所示。

图3-56

Step09： 使用鼠标拖拽的方法，在矩形间绘制箭头，如图3-57所示。

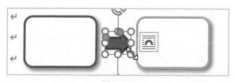

图3-57

Step10： 使用复制功能，复制2个箭头，放置到矩形中，如图3-58所示。

图3-58

Step11： 选中箭头图形，在"绘图

工具-格式"选项卡"形状样式"选项组中，单击样式下拉按钮，选择一个满意的样式，如图3-59所示。

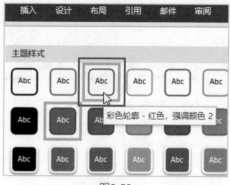

图3-59

Step12： 按同样方法，完成其余两个箭头的形状样式设置，如图3-60所示。

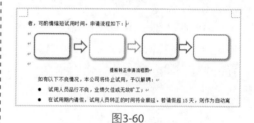

图3-60

Step13： 在第一个矩形双击鼠标，在"开始"选项卡"字体"选项组中，单击"字体颜色"下拉按钮，选择好文字颜色，如图3-61所示。

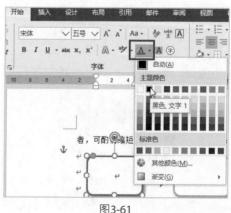

图3-61

Step14：设置字体为"黑体"，字号为"五号"，输入文本内容，如图3-62所示。

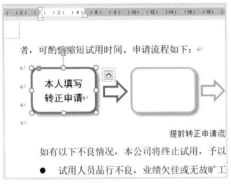

图3-62

Step15：按照同样的方法，完成其余文本的输入，结果如图3-63所示。

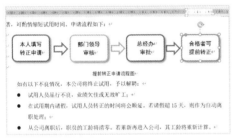

图3-63

Step16：配合【Ctrl】键，可以全选所有图形，如图3-64所示。

图3-64

Step17：全选图形后，单击鼠标右键，在"组合"选项中，选择"组合"选项，如图3-65所示。

知识点拨

编辑组合图形

多个图形组合后，如果想要对其中某一个图形进行编辑，只需选中该图形即可。编辑完成后，其他图形均不受影响。

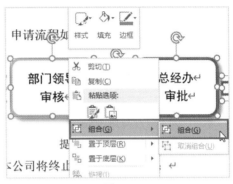

图3-65

Step18：组合后，所有图形变成一个整体，方便图形的选择和移动，如图3-66所示。

图3-66

Step19：如果想取消组合，在图形上单击鼠标右键，在"组合"选项组中，选择"取消组合"选项即可，如图3-67所示。

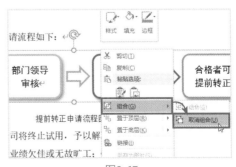

图3-67

3.3 制作求职简历

简历是有针对性的自我介绍的一种规范化、逻辑化的书面表达。对应聘者来说，简历是求职的"敲门砖"。本节以制作求职简历为例，介绍表格的插入、编辑和美化操作。

3.3.1 插入表格

通常使用表格来制作简历，在文档中插入表格的方法很简单，下面介绍具体的操作方法。

扫一扫，看视频

Step01： 新建空白文档，命名为"求职简历"，打开该文档，切换至"布局"选项卡，单击"页面设置"选项组的对话框启动器按钮，打开"页面设置"对话框，将"上""下""左""右"的页边距设置为"1厘米"，如图3-68所示，单击"确定"按钮。

图3-68

Step02： 弹出一个提示对话框，单击"调整"按钮，如图3-69所示。最后单击"确定"按钮即可。

图3-69

Step03： 打开"插入"选项卡，单击"表格"下拉按钮，选择"插入表格"选项，如图3-70所示。

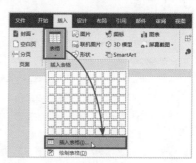

图3-70

Step04： 打开"插入表格"对话框，在"列数"和"行数"数值框中输入表格的行列数，单击"确定"按钮，如图3-71所示。

图3-71

Step05： 此时，在文档中即可插入一个1列10行的表格，如图3-72所示。

图3-72

3.3.2 调整表格布局

插入表格后，用户可以根据需要添加行或列，拆分单元格，或调整表格的行高/列宽。对表格的布局进行调整。下面介绍具体的操作方法。

（1）添加行/列

如果需要为表格添加行或列，可以按照以下方法操作。

Step01：将光标插入到行中，打开"表格工具-布局"选项卡，单击"在下方插入"按钮，如图3-77所示。

图3-77

Step02：此时可以看到，在光标所在行的下方添加了一个新行，如图3-78所示。

图3-78

（2）拆分单元格

用户可以根据需要将一个单元格拆分成多个单元格，具体的操作方法如下。

Step01：将光标插入到需要拆分的单元格中，打开"表格工具-布局"选项卡，单击"拆分单元格"按钮，如图3-79所示。

图3-79

Step02： 打开"拆分单元格"对话框，在"列数"和"行数"数值框中输入需要拆分的行列数，单击"确定"按钮，如图3-80所示。

图3-80

Step03： 此时可以看到，已经将单元格拆分成1行2列，按照同样的方法，拆分其他单元格，如图3-81所示。

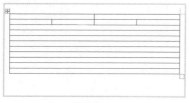

图3-81

🔍**知识点拨**

合并单元格
如果用户需要将多个单元格合并成一个单元格，则可以选择需要合并的单元格，在"表格工具-布局"选项卡中单击"合并单元格"按钮即可。

（3）调整行高/列宽

若需要对表格的行高和列宽进行调整，可以按照以下方法操作。

Step01： 调整行高。将光标移至需要调整行高的行分割线上，当光标变为↕形状时，按住鼠标左键不放，拖动鼠标，调整行高，如图3-82所示。

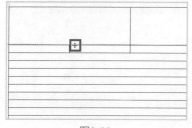

图3-82

Step02： 此外，用户也可以将光标插入到需要调整行高的行中，打开"表格工具-布局"选项卡，在"高度"数值框中输入数值，即可精确调整表格的行高，如图3-83所示。

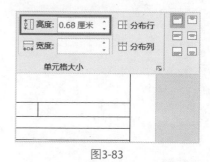

图3-83

Step03： 调整列宽。将光标移至需要调整列宽的列分割线上，当光标变为⊪形状时，按住鼠标左键不放，拖动鼠标，调整列宽，如图3-84所示。

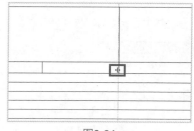

图3-84

Step04： 调整单元格宽度。将光标移至单元格左侧，当光标变为向右倾斜的黑色箭头时，单击鼠标，即可选中该单元格。然后将光标放在单元格右侧分割线上，按住鼠标左键不放，拖动鼠标，调整单元格的宽度，如图3-85所示。

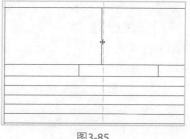

图3-85

知识点拨

删除行/列

若需要删除表格中多余的行/列，可以将光标插入到需要删除的行/列中，在“表格工具-布局”选项卡中，单击“删除”下拉按钮，从列表中选择“删除行”或“删除列”即可。

Step05：按照上述方法，调整表格中其他行的行高，如图3-86所示。

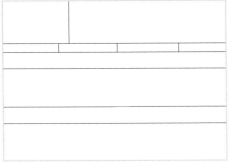

图3-86

3.3.3 输入简历内容

调整好表格的布局后，接下来需要在表格中输入相关内容，并对文本的字体格式和对齐方式进行设置。下面将介绍具体的操作方法。

Step01：将光标插入到单元格中，输入相关内容，如图3-87所示。

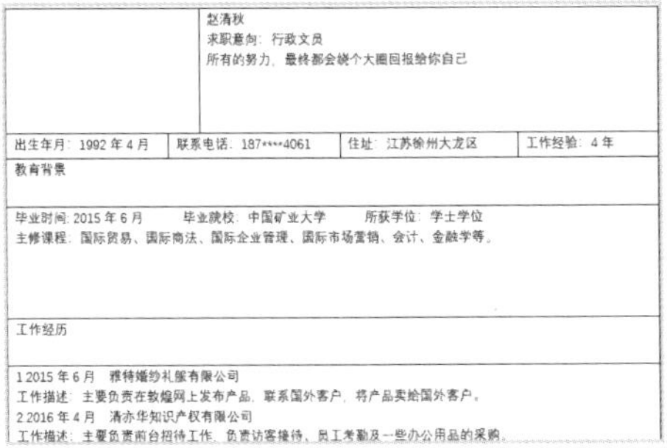

图3-87

Step02：选择文本，在“开始”选项卡中，设置文本的“字体”“字号”“字体颜色”等，如图3-88所示。

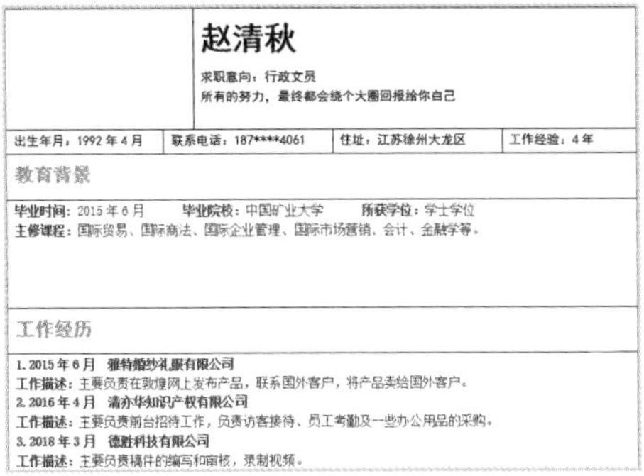

图3-88

Step03：选择文本内容，打开“段落”对话框，设置合适的“段前”“段后”间距和“行距”，如图3-89所示。

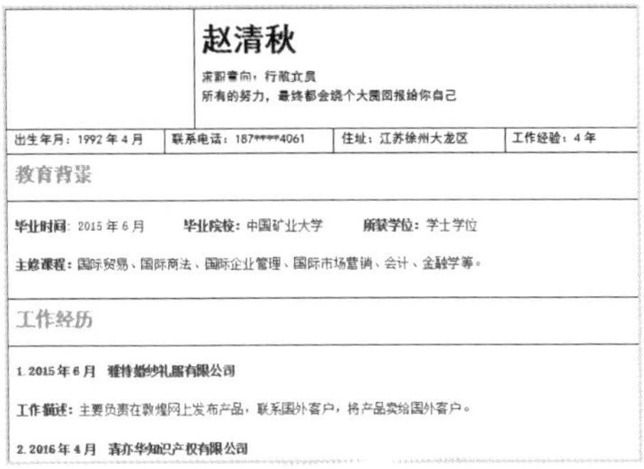

图3-89

Step04：选择文本，打开“表格工具-布局”选项卡，在“对齐方式”选项组中单击“中部左对齐”按钮，如图3-90所示。设置文本的对齐方式。

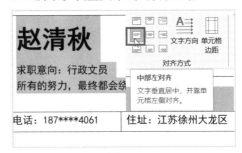

图3-90

Step05：按照上述方法，设置其他文本的对齐方式，如图3-91所示。

图3-91

3.3.4 设置表格样式

简历制作好后，需要
对表格的样式进行美化。
例如设置表格的边框样
式，为表格添加底纹等，
下面将介绍具体的操作
方法。

扫一扫，看视频

（1）添加底纹

为表格添加底纹的方法很简单，具
体操作步骤如下。

Step01：选择单元格，打开"表格
工具-设计"选项卡，单击"底纹"下
拉按钮，从列表中选择合适的底纹颜
色，如图3-92所示。

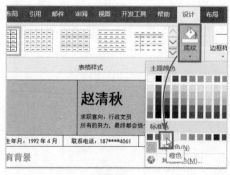

图3-92

Step02：按照上述方法，为其他单
元格添加底纹颜色，并将单元格中的字
体颜色更改为白色，如图3-93所示。

图3-93

（2）自定义边框样式

用户可以为表格自定义一个边框样
式，具体操作方法如下。

Step01：选择表格，打开"表格工
具-设计"选项卡，单击"边框"下拉
按钮，从列表中选择"无框线"选项，
如图3-94所示。

图3-94

Step02：在"设计"选项卡中设置
合适的"笔样式""笔画粗细"和"笔
颜色"，鼠标光标变为笔刷形状，在表
格的框线上单击鼠标，即可为表格应用
设置的边框样式，如图3-95所示。

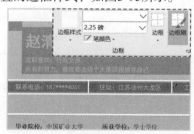

图3-95

Step03：按照上述方法，再次设置
一个边框样式，并应用到表格边框上，
如图3-96所示。

图3-96

要想更加灵活地设置表格的样式，首先需要将表格设置为"无框线"。

3.3.5 插入个人照片

简历中一般需要显示个人照片。下面介绍如何在表格中插入并美化个人照片。

扫一扫，看视频

Step01：将光标插入到单元格中，打开"插入"选项卡，单击"图片"按钮，如图3-97所示。

图3-97

Step02：打开"插入图片"对话框，从中选择需要的图片，单击"插入"按钮，如图3-98所示。

图3-98

Step03：选择插入的图片，打开"图片工具-格式"选项卡，单击"环绕文字"下拉按钮，从列表中选择"浮于文字上方"选项，如图3-99所示。

图3-99

Step04：调整图片的大小，将其放在合适位置，在"图片工具-格式"选项卡中单击"裁剪"下拉按钮，从中选择"裁剪为形状"选项，并在其级联列表中选择"椭圆"选项，如图3-100所示。

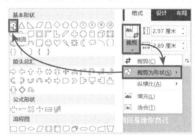

图3-100

Step05：将图片裁剪成椭圆形状后，在"图片工具-格式"选项卡中单击"图片边框"下拉按钮，从列表中选择好边框颜色，如图3-101所示。

图3-101

Step06： 再次单击"图片边框"下拉按钮，从列表中选择"粗细"选项，并从其级联列表中选择"2.25磅"，如图3-102所示。

图3-102

Step07： 此时可以查看求职简历的效果，如图3-103所示。至此，求职简历制作完成，保存文件即可。

图3-103

拓展练习　制作花店宣传简报

下面以制作花店宣传简报为例，介绍模板的选择与修改。

Step01： 启动Word软件，在打开的界面中选择"新建"选项，并在右侧搜索文本框中输入"宣传单"文本，单击"开始搜索"按钮，在搜索出的选项中选择"季节性活动传单"，如图3-104所示。

图3-104

Step02： 弹出一个界面，在该界面中单击"创建"按钮，如图3-105所示。

图3-105

Step03： 模板文档创建完成，单击"保存"按钮，保存文档，如图3-106所示。

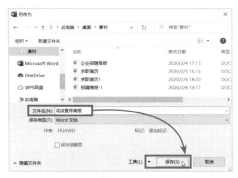

图3-106

Step04： 保存模板文档后，删除文档中多余的控件，如图3-107所示。

图3-107

Step05： 选择图片，单击鼠标右键，从弹出的快捷菜单中选择"更改图片"命令，并选择"来自文件"选项，如图3-108所示。

图3-108

Step06： 打开"插入图片"对话框，从中选择合适的图片，单击"插入"按钮，如图3-109所示。

图3-109

Step07： 更改模板中的图片后，下面修改模板中的文本内容。然后设置合适的字体格式和段落格式，如图3-110所示。

图3-110

Step08： 选择右侧单元格，打开"表格工具-设计"选项卡，单击"底纹"下拉按钮，从列表中选择合适的底纹颜色，如图3-111所示。

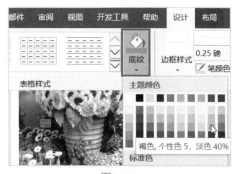

图3-111

Step09： 按照上述方法，更改下方单元格的底纹颜色，完成花店宣传简报的制作，如图3-112所示。

图3-112

职场答疑Q&A

1.　Q：如何删除插入的表格？

A： 有的人会选择表格后按【Delete】键进行删除，其实这个操作方法是错误的。用户需要选择表格后，打开"表格工具-布局"选项卡，单击"删除"下拉按钮，从列表中选择"删除表格"选项即可。

2.　Q：如何快速设置图片的样式？

A： 如果用户需要对图片的样式进行设置，可以选中图片后，打开"图片工具-格式"选项卡，然后单击"图片样式"选项组的"其他"下拉按钮，从展开的列表中选择合适的图片样式，即可快速为所选图片应用该样式。

3.　Q：如何快速设置表格样式？

A： 插入表格后，一般需要对表格进行美化，用户可以选择表格后，打开"表格工具-设计"选项卡，然后单击"表格样式"选项组的"其他"下拉按钮，从展开的列表中选择合适的表格样式，即可快速为表格设置该样式。

4.　Q：如何制作斜线表头？

A： 在制作课程表、排班表等之类的表格时，需要在表格中制作一个斜线表头，用户只需要将光标插入到单元格中，在"表格工具-设计"选项卡中单击"边框"下拉按钮，从列表中选择"斜下框线"选项，即可在单元格中插入一个斜线表头，如图3-113所示。

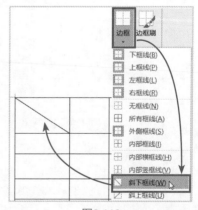

图3-113

Excel 篇

你会批量输入日期内容吗？你会快速筛选出想要的数据信息吗？你会使用动态图表来展示销售数据吗？如果答案是否定的，那么你该学学Excel软件了。有句话说得好，"学好Excel，走遍天下都不怕"。可见，Excel技能在职场中的地位有多重要。

第**4**章
制作规范的Excel报表

一份规范的数据表不仅要求数据格式正确，同时也要具备舒适的外观。本章将从创建表格开始讲解，涉及的知识点包括字体格式的设置、行／列以及单元格的基本操作、表格的美化、数据的录入、公式的应用等。

案例效果

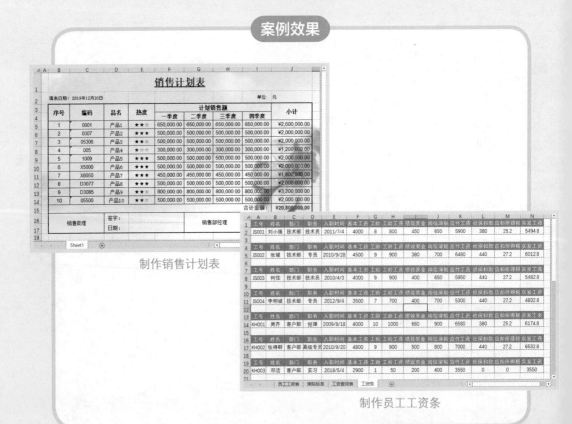

制作销售计划表

制作员工工资条

4.1 制作员工绩效考核表

绩效考核是企业绩效管理中的一个重要环节，也是企业人事管理的重要内容，更是企业管理强有力的手段之一。下面将使用Excel制作企业员工绩效考核表。

4.1.1 创建员工绩效考核表

要在Excel中创建绩效考核表，首先要创建一个工作簿。下面介绍具体操作方法。

Step01： 在桌面或文件夹中右击鼠标，在菜单中选择"新建"选项，在其下一级菜单中选择"Microsoft Excel工作表"选项，如图4-1所示。

图4-1

Step02： 当前位置随即出现一个新建的工作簿，此时该工作簿的名称呈可编辑状态，直接输入新的工作簿名称，按下【Enter】键，完成工作簿的创建，如图4-2所示。

Step03： 双击Excel工作簿图标，即可打开该工作簿。右击工作表标签，在展开的菜单中选择"重命名"选项，如图4-3所示。

图4-2

图4-3

Step04： 工作表标签呈可编辑状态，直接输入新的工作表名称，按下【Enter】键，完成工作表名称的重命名，如图4-4所示。

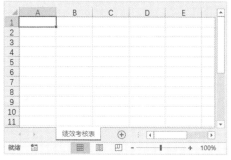

图4-4

4.1.2 调整考核表的布局

数据输入到表格以后，由于每个单元格中的内容大不相同，为了让这些内容能够完整地显示出来，用户需要对数据表进行恰当的布局，例如调整行高列宽、插入行或列、合并单元格等。

扫一扫，看视频

Step01： 从A1单元格开始输入员工绩效考核基础数据，如图4-5所示。

图4-5

Step02： 将光标放在A列的列标右侧边线上，光标变成双向箭头时，按住鼠标左键，向右拖动鼠标，如图4-6所示。

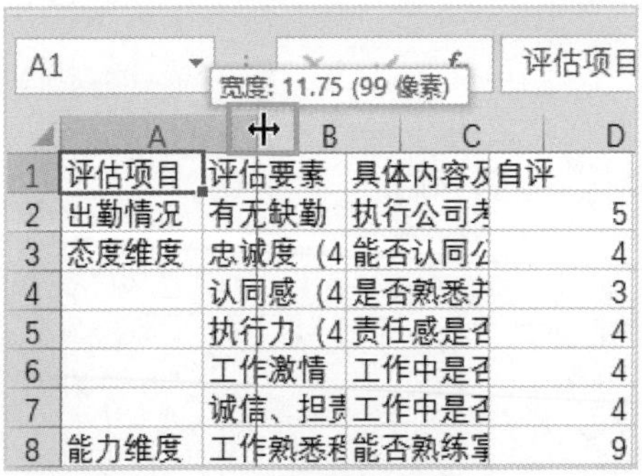

图4-6

Step03： 拖动到合适位置时，松开鼠标，调整A列的宽度。随后参照此方法调整其他列的宽度，如图4-7所示。

Step04： 将光标移动到工作表左上角，光标变成十字形状时，单击鼠标，将工作表中的所有单元格选中，如图

4-8所示。

图4-7

图4-8

Step05： 打开"开始"选项卡，在"对齐方式"组中单击"自动换行"按钮。将单元格中内容较多的数据换行显示，如图4-9所示。

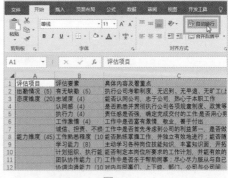

图4-9

Step06： 选中1～18行，将光标放在第18行的行号下方，当光标变成双向箭头时，按住鼠标左键，向下拖动，同时调整选中的所有行的高度，如图4-10

所示。

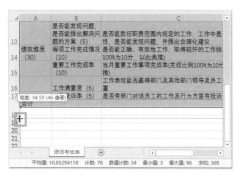

图4-10

Step07： 先选中第1行，然后右击选中的行，在弹出的菜单中选择"插入"选项。在所选行的上方插入一个空白行，如图4-11所示。

图4-11

Step08： 选中A列，右击选中的列，在弹出的菜单中选择"插入"选项，在所选列的左侧插入一个空白列，如图4-12所示。

图4-12

🔍知识点拨

删除行或列

若想删除行或列，可先将这些行或列选中，然后右击，在弹出的菜单中选择"删除"选项，如图4-13所示。

图4-13

Step09： 将光标放在新插入的A列列标右侧，光标变成双向箭头时，按住鼠标左键，向左拖动鼠标，将A列的宽度设置得很窄，如图4-14所示。

图4-14

Step10： 选中B1～F1单元格区域，在"开始"选项的"对齐方式"组中单击"合并单元格"按钮，如图4-15所示。

Step11： 在合并的单元格中，输入被评估者姓名、职务以及评定时间的相关信息，如图4-16所示。

Step12： 选中B4～B8单元格区域，在"开始"选项卡中单击"合并后居中"按钮，将该单元格区域合并。随后再分别将B9~B14以及B15~B18这两个单元格区域合并，如图4-17所示。

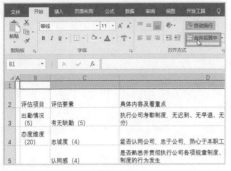

图4-15

图4-16

图4-17

4.1.3 设置字体格式

数据输入到数据表中后，如果对默认的字体格式不满意可以重新设置。具体操作包括设置字体、字号、字体效果、字体颜色等。

扫一扫，看视频

Step01：选中整个工作表，在"开始"选项卡中的"字体"组中单击"字体"下拉按钮，选择"宋体"选项，将

工作表中所有字体设置为宋体，如图4-18所示。

图4-18

Step02：选中第1行中的合并单元格，在"开始"选项卡的"字体"组中单击"字号"下拉按钮，选择"12"号字，如图4-19所示。

图4-19

Step03：保持该合并单元格为选中状态，在"字体"组中单击"加粗"按钮，将文本加粗显示，如图4-20所示。

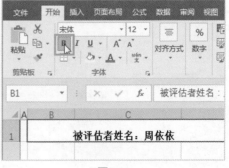

图4-20

4.1.4 设置对齐方式

一般，单元格中的数据在水平方向上靠左端对齐，在垂直方向上靠下方对齐，用户可以根据需要修改数据的对齐方式。

Step01： 选中整个工作表，在"开始"选项卡中的"对齐方式"组中，单击"垂直居中"按钮，将所有数据设置为垂直居中，如图4-21所示。

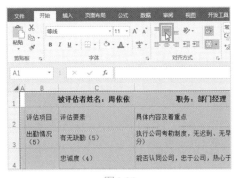

图4-21

Step02： 选中第1行中的合并单元格，在"对齐方式"组中单击"左对齐"按钮，如图4-22所示。

图4-22

Step03： 先选中B2～F2单元格区域，按住【Ctrl】键不放，再依次选择B3～B19和E3～F19单元格区域，将这三个区域同时选中。在"对齐方式"组中单击"居中"按钮，如图4-23所示。

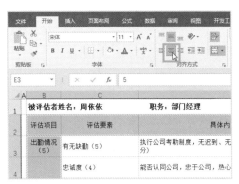

图4-23

4.1.5 设置边框效果

数据表有了边框看起来才完整。在Excel中设置表格边框的方法有很多种。下面讲解如何通过对话框设置表格边框。

Step01： 选中B2～F19单元格区域，在"开始"选项卡中的"字体"组内单击对话框启动器按钮，如图4-24所示。

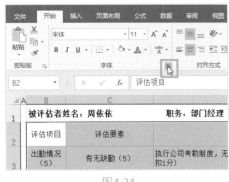

图4-24

Step02： 弹出"设置单元格格式"对话框，打开"边框"选项卡，在"样式"列表选择一个细实线，单击"内部"按钮，如图4-25所示。

Step03： 重新在"样式"列表中选择一个粗实线，单击"外边框"按钮，单击"确定"按钮，如图4-26所示。

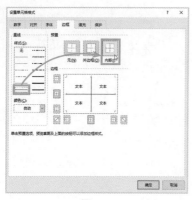

图4-25

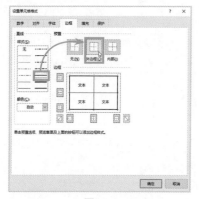

图4-26

Step04：至此，员工绩效考核表就制作完成了，效果如图4-27所示。

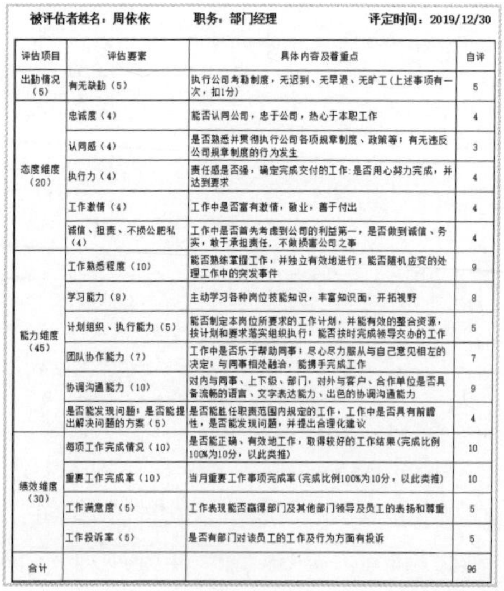

被评估者姓名：周依依　　职务：部门经理　　评定时间：2019/12/30

评估项目	评估要素	具体内容及着重点	自评
出勤情况（5）	有无缺勤（5）	执行公司考勤制度，无迟到、无早退、无旷工(上述事项有一次，扣1分)	5
态度维度（20）	忠诚度（4）	能否认同公司，忠于公司，热心于本职工作	4
	认同感（4）	是否熟悉并贯彻执行公司各项规章制度、政策等；有无违反公司规章制度的行为发生	3
	执行力（4）	责任感是否强，确定完成交付的工作：是否用心努力完成，并达到要求	4
	工作激情（4）	工作中是否富有激情，敬业，善于付出	4
	诚信、担责、不损公肥私（4）	工作中是否首先考虑到公司的利益第一，是否做到诚信、务实，敢于承担责任，不做损害公司之事	4
能力维度（45）	工作熟悉程度（10）	能否熟练掌握工作，并独立有效地进行；能否随机应变的处理工作中的突发事件	9
	学习能力（8）	主动学习各种岗位技能知识，丰富知识面，开拓视野	8
	计划组织、执行能力（5）	能否制定本岗位所要求的工作计划，并能有效的整合资源，按计划和要求落实组织执行；能否按时完成领导交办的工作	5
	团队协作能力（7）	工作中是否乐于帮助同事；尽心尽力服从与自己意见相左的决定；与同事相处融洽，能携手完成工作	7
	协调沟通能力（10）	对内与同事、上下级、部门，对外与客户、合作单位是否具备流畅的语言、文字表达能力、出色的协调沟通能力	9
	是否能发现问题；是否能提出解决问题的方案（5）	是否能胜任职责范围内规定的工作，工作中是否具有前瞻性，是否能发现问题，并提出合理化建议	4
绩效维度（30）	每项工作完成情况（10）	是否能正确、有效地工作，取得较好的工作结果(完成比例100%为10分，以此类推)	10
	重要工作完成率（10）	当月重要工作事项完成率(完成比例100%为10分，以此类推)	10
	工作满意度（5）	工作表现能否赢得部门及其他部门领导及员工的表扬和尊重	5
	工作投诉率（5）	是否有部门对该员工的工作及行为方面有投诉	5
合计			96

图4-27

知识点拨

隐藏网格线

在“视图”选项卡中的“显示”组中取消“网格线”复选框的勾选可以将当前工作表的网格线隐藏。如图4-28所示。

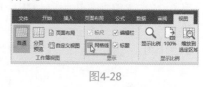

图4-28

4.1.6 浏览考核表信息内容

大多数表格在制作完成以后，并不能在当前的操作界面中完整地显示出来，这时用户可以调整Excel工作界面的显示比例。

Step01：打开“视图”选项，在“显示比例”组中单击“显示比例”按钮，如图4-29所示。

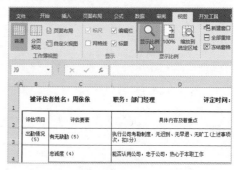

图4-29

Step02：弹出“显示比例”对话框，选中“恰好容纳选定区域”单选按钮，单击“确定”按钮。可以让表格以恰当的缩放比例完整地显示在当前的窗口中。如图4-30所示。

Step03：在“显示比例”组中单击“100%”按钮可将工作表的显示比例还原为100%，如图4-31所示。

图4-30

图4-31

知识点拨

缩放表格显示比例

移动工作表右下角的缩放滑块可以自动控制工作表的显示比例。向左拖动滑块是缩小比例，向右拖动是放大比例。如图4-32所示。

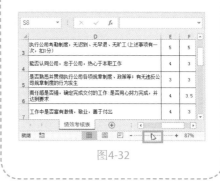

图4-32

4.2 制作销售计划表

销售计划是指导企业在计划期内进行产品销售活动的计划。销售计划按时间长短来分，可分为周销售计划、月度销售计划、季度销售计划、年度销售计划等。下面制作一份年度销售计划表。

4.2.1 输入销售计划表内容

输入数据的时候可借助一些工具和小技巧提高输入速度，降低错误率。

扫一扫，看视频

Step01： 制作出销售计划表的框架，效果如图4-33所示。

图4-33

Step02： 选中表头所在单元格，打开"开始"选项卡，在"字体"组中单击"下划线"下拉按钮，选择"双下划线"选项。在标题文本下方添加双下划线效果，如图4-34所示。

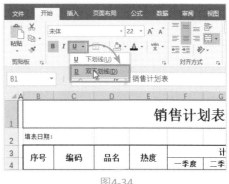

图4-34

Step03： 在B5单元格中输入数字"1"，选中B5单元格，将光标放在单元格右下角，当光标变成十字形状时按住【Ctrl】键和鼠标左键，向下拖动鼠标，如图4-35所示。

图4-35

Step04： 拖动到B14单元格时松开鼠标，单元格区域中即可自动输入1～10的序号，如图4-36所示。

图4-36

Step05： 选中C5～C14单元格区域，在"开始"选项卡中的"数字"组中单击"数字格式"下拉按钮，选择"文本"选项，如图4-37所示。

Step06： 在C5～C14单元格区域中输入产品编码。此时，以0开头的数字编码也可以被输入，如图4-38所示。

Step07： 选中F5～I14单元格区域，打开"数据"选项卡，在"数据工具"组中单击"数据验证"按钮，如图4-39所示。

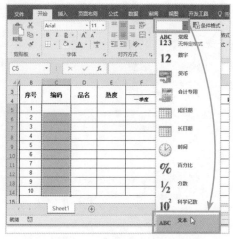

图4-37

图4-38

图4-39

Step08： 打开"数据验证"对话框，设置验证条件为"小数""大于或等于"，将最小值设置为"300000"，如图4-40所示。

图4-40

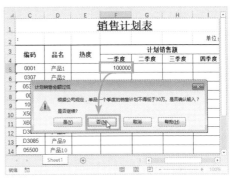

图4-42

Step11： 在F5～I14单元格区域中输入计划销售金额。选中J5单元格，打开"公式"选项卡，在函数库组中单击"自动求和"按钮。单元格中随即被输入求和公式。按【Enter】键可返回计算结果，如图4-43所示。

Step09： 切换到"出错警告"对话框，设置样式为"警告"，在标题和错误信息文本框中输入提示内容。单击"确定"按钮，如图4-41所示。

图4-41

Step10： 返回到工作表，此时在F5～I14单元格区域中如果输入小于300000的数据则会弹出警告对话框，单击"是"按钮可确认输入，单击"否"按钮将重新输入，如图4-42所示。

图4-43

Step12： 再次选中J5单元格，向下拖动控制柄，计算出每个产品四个季度的小计金额，如图4-44所示。

图4-44

71

Step13：选中J15单元格，在"公式"选项卡中单击"自动求和"按钮，在J15单元格中输入求和公式，按【Enter】键计算出总计金额，如图4-45所示。

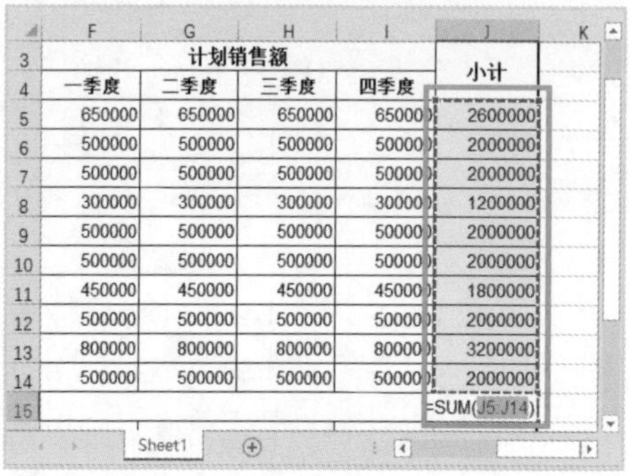

图4-45

Step14：选中J2单元格，打开"数据"选项卡，在"数据工具"组中单击"数据验证"按钮，如图4-46所示。

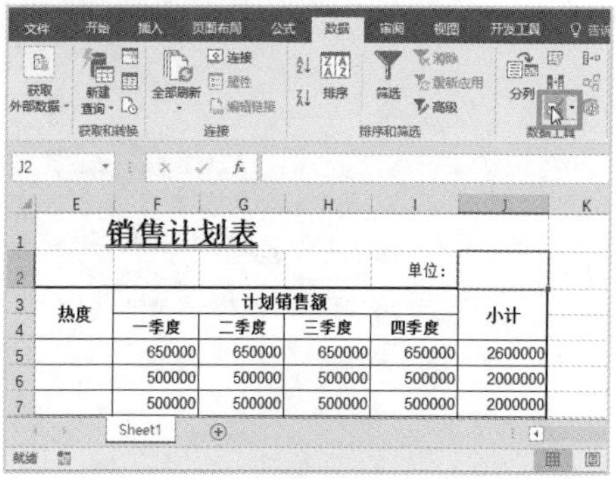

图4-46

Step15：弹出"数据验证"对话框，设置验证条件为"序列"，在来源文本框中输入"元，万元"，单击"确定"按钮，如图4-47所示。

注意事项 设置数据验证需注意

在设置数据验证的序列来源时需要注意，每个数据之间的逗号必须是在英文状态下输入的才有效。

图4-47

Step16：将F5～J14单元格区域以及J15单元格同时选中，切换到"开始"选项卡，在"样式"组中单击"条件格式"下拉按钮，选择"新建规则"选项，如图4-48所示。

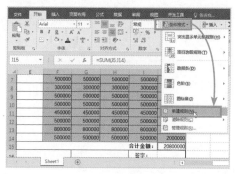

图4-48

Step17：打开"新建格式规则"对话框，在"选择规则类型"列表中选择"使用公式确定要设置格式的单元格"选项，在文本框中输入公式：=$J$2="万元"，单击"格式"按钮，如图4-49所示。

Step18：打开"设置单元格格式"对话框，切换到"数字"选项卡，选中"自定义"选项，设置类型为"0!.0,"，单击"确定"按钮,如图4-50所示。

图4-49

图4-50

Step19: 返回工作表,选中J2单元格,单击右侧下拉按钮,选择"万元"选项,如图4-51所示。

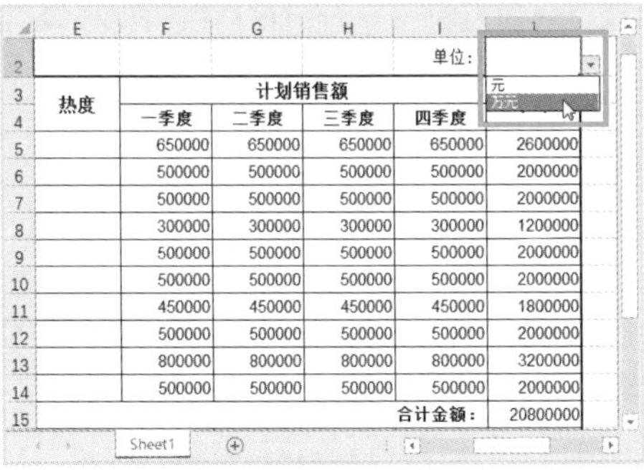

图4-51

Step20: 销售计划表中的所有金额数据随即全部变为以万元为单位来显示,如图4-52所示。

图4-52

4.2.2 设置数字类型

Excel中的数据可以变换成不同的形式来显示,例如将普通的数字以货币形式显示,将短日期格式转换成长日期格式等。下面介绍转换方法。

Step01: 选中J5~J15单元格区域,在"开始"选项卡中的"数字"组内单击"数字格式"下拉按钮,选择"货币"选项,如图4-53所示。

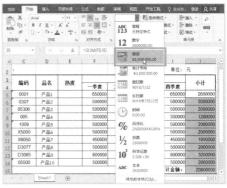

图4-53

Step02: 所选区域中的数字随即以货币形式来显示,如图4-54所示。

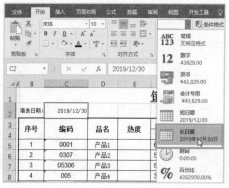

图4-54

Step03： 选中F5～J14单元格区域，在"开始"选项卡中的"数字"组内单击"千位分隔样式"按钮，为所选的数字添加千位分隔符，如图4-55所示。

图4-55

Step04： 在C2单元格中输入日期"2019/12/30"，随后将该单元格选中，再次单击"数字格式"下拉按钮，选择"长日期"选项，如图4-56所示。

图4-56

Step05： 所选日期随即变为长日期形式显示，如图4-57所示。

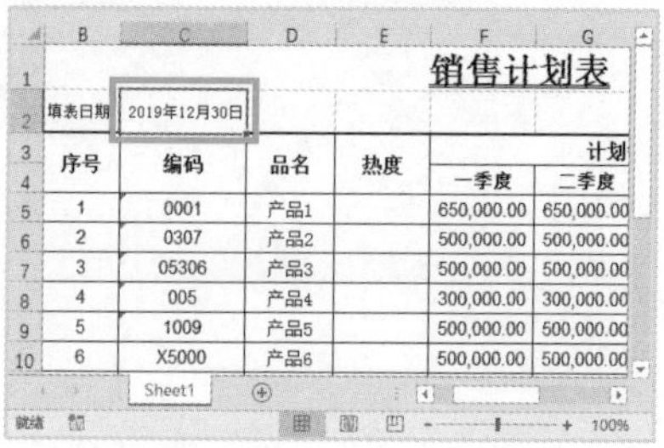

图4-57

4.2.3 用颜色突出重要事项

数据表中的一些重要数据可以用醒目的颜色突出显示。

扫一扫，看视频

Step01： 选中B15～J15单元格区域，按【Ctrl+B】组合键将所选内容加粗显示，如图4-58所示。

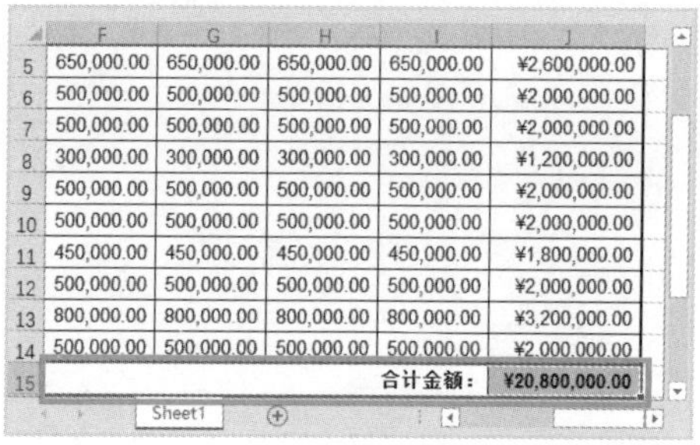

图4-58

Step02： 右击选中的单元格区域，在弹出的字体设置快捷菜单中单击"字体颜色"下拉按钮，选择"深红"选项，如图4-59所示。

图4-59

Step03： 选中的数据随即变成深红色显示，如图4-60所示。

	F	G	H		
6	500,000.00	500,000.00	500,000.00	500,000.00	¥2,000,000.00
7	500,000.00	500,000.00	500,000.00	500,000.00	¥2,000,000.00
8	300,000.00	300,000.00	300,000.00	300,000.00	¥1,200,000.00
9	500,000.00	500,000.00	500,000.00	500,000.00	¥2,000,000.00
10	500,000.00	500,000.00	500,000.00	500,000.00	¥2,000,000.00
11	450,000.00	450,000.00	450,000.00	450,000.00	¥1,800,000.00
12	500,000.00	500,000.00	500,000.00	500,000.00	¥2,000,000.00
13	800,000.00	800,000.00	800,000.00	800,000.00	¥3,200,000.00
14	500,000.00	500,000.00	500,000.00	500,000.00	¥2,000,000.00
15				合计金额	¥20,800,000.00

图4-60

4.2.4 在表格中插入特殊符号

在制表的过程中有时候需要用到一些特殊符号，但是在键盘上却找不到这些符号，这时候可以使用插入符号功能插入特殊符号。

Step01： 选中E5单元格，打开"插入"选项卡，在"符号"组中单击"符号"按钮，如图4-61所示。

图4-61

Step02： 打开"符号"对话框，设置子集为"其他符号"，在列表中选中黑色的星形符号，单击"插入"按钮，即可将该符号输入到单元格中。再次单击"插入"按钮可输入两个该符号如图4-62所示。

Step03： 随后继续在E5单元格中插入一个空心的星形符号，如图4-63所示。

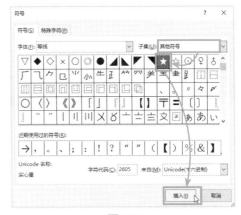

图4-62

图4-63

Step04： 参照上述步骤分别向E6～E14区域中的每一个单元格中输入星形符号，如图4-64所示。

图4-64

4.2.5 设置销售计划表背景

Excel中的表格也能设置非常漂亮的背景，下面介绍两种常用的背景设置方法。

Step01： 选中A1～K18单元格区域，打开"开始"选项卡，在"字体"组中单击"填充颜色"下拉按钮，在颜色列表中选择合适的颜色，如图4-65所示。

图4-65

Step02： 表格随即被添加相应的纯色背景。效果如图4-66所示。

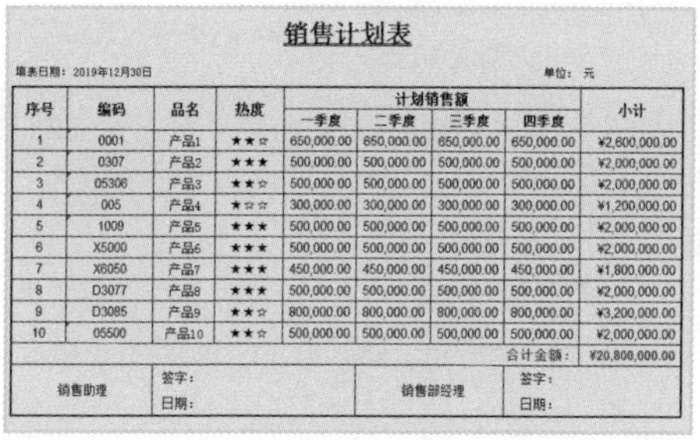

图4-66

🔍 知识点拨

清除表格背景

若要清除表格的纯色背景，可以将设置了填充色的单元格全部选中，然后在"填充颜色"下拉列表中选择"无填充颜色"选项，如图4-67所示。

图4-67

Step03： 要设置图片背景，可以打开"页面布局"选项卡，在"页面设置"组中单击"背景"按钮，如图4-68所示。

图4-68

Step04： 打开"插入图片"对话框，单击"从文件"右侧的"浏览"按钮，如图4-69所示。

图4-69

Step05： 弹出"工作表背景"对话框，选择需要使用的图片，单击"插入"按钮，如图4-70所示。

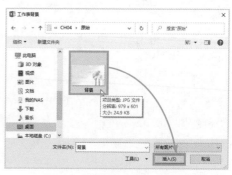

图4-70

Step06： 所选图片随即被设置为当前工作表的背景。效果如图4-71所示。

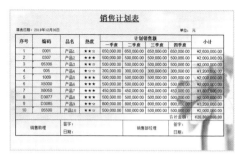

图4-71

知识点拨

删除表格背景

若要删除背景，在"页面布局"选项卡中单击"删除背景"按，如图4-72所示。

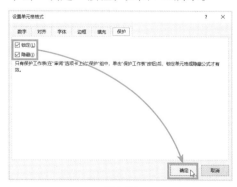

图4-72

4.2.6 设置禁止编辑区域

为了保护表格，防止数据被他人随意修改，可以将想要保护的区域设置成禁止编辑状态。

Step01： 选中J5～J15单元格区域，按【Ctrl+1】组合键，打开"设置单元格格式"对话框。在"保护"选项卡中勾选"锁定"和"隐藏"复选框，单击"确定"按钮，如图4-73所示。

图4-73

Step02： 选中工作表中的任意一个单元格，打开"审阅"选项卡，在"更改"组中单击"保护工作表"按钮，如图4-74所示。

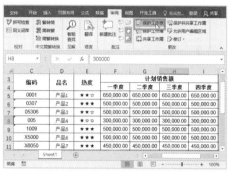

图4-74

Step03： 打开"保护工作表"对话框，不做任何设置，直接单击"确定"按钮，如图4-75所示。

图4-75

Step04： 返回工作表，此时J5～J15单元格区域已经是禁止编辑状态，若尝试对该区域中的任意一个单元格进行编辑则会弹出警告对话，如图4-76所示。

图4-76

4.3 制作员工薪资表

员工薪资表是企业用于记录统计员工本薪、津贴、奖金、应付薪资、所得税、福利金等费用的报表。制作员工薪资表的时候，可以先在工作表中输入一些已知的信息，再利用公式和函数对这些已知信息进行计算获得其他薪资项目。

4.3.1 输入与编辑公式

想在Excel中使用公式进行计算，首先要掌握输入与编辑公式的方法。

扫一扫，看视频

Step01：根据已知信息，在工作表中制作员工薪资表的基础表格，效果如图4-77所示。

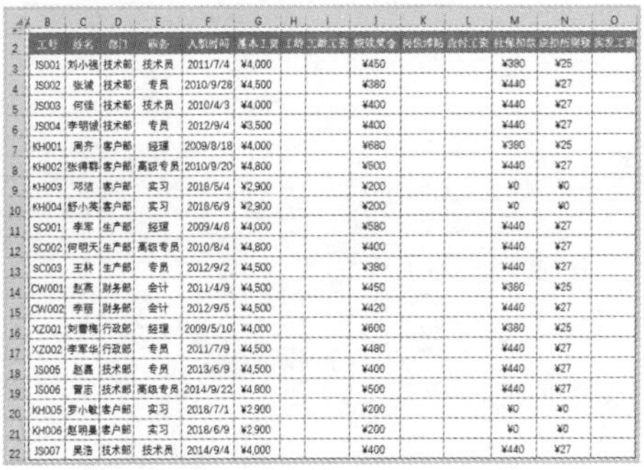

	工号	姓名	部门	职务	入职时间	基本工资	工龄	工龄工资	绩效奖金	岗位津贴	应付工资	社保扣款	应扣所得税	实发工资
3	JS001	刘小强	技术部	技术员	2011/7/4	¥4,000			¥450			¥380	¥25	
4	JS002	张诚	技术部	专员	2010/9/28	¥4,500			¥380			¥440	¥27	
5	JS003	何佳	技术部	技术员	2010/4/3	¥4,000			¥400			¥440	¥27	
6	JS004	李明诚	技术部	专员	2012/9/4	¥3,500			¥400			¥440	¥27	
7	KH001	周齐	客户部	经理	2009/8/18	¥4,000			¥680			¥380	¥25	
8	KH002	张得群	客户部	高级专员	2010/9/20	¥4,800			¥500			¥440	¥27	
9	KH003	邓洁	客户部	实习	2018/5/4	¥2,900			¥200			¥0	¥0	
10	KH004	舒小英	客户部	实习	2018/6/9	¥2,900			¥200			¥0	¥0	
11	SC001	李军	生产部	经理	2009/4/8	¥4,000			¥580			¥440	¥27	
12	SC002	何明天	生产部	高级专员	2010/8/4	¥4,800			¥400			¥440	¥27	
13	SC003	王林	生产部	专员	2012/9/2	¥4,500			¥380			¥440	¥27	
14	CW001	赵燕	财务部	会计	2011/4/9	¥4,500			¥450			¥380	¥25	
15	CW002	李丽	财务部	会计	2012/9/5	¥4,500			¥420			¥440	¥27	
16	XZ001	刘雪梅	行政部	经理	2009/5/10	¥4,000			¥600			¥380	¥25	
17	XZ002	李军华	行政部	专员	2011/7/9	¥4,500			¥480			¥440	¥27	
18	JS005	赵磊	技术部	专员	2013/6/9	¥4,500			¥400			¥440	¥27	
19	JS006	曾志	技术部	高级专员	2014/9/22	¥4,800			¥500			¥440	¥27	
20	KH005	罗小敏	客户部	实习	2018/7/1	¥2,900			¥200			¥0	¥0	
21	KH006	赵明星	客户部	实习	2018/6/9	¥2,900			¥200			¥0	¥0	
22	JS007	吴浩	技术部	技术员	2014/9/4	¥4,000			¥400			¥440	¥27	

图4-77

知识点拨

设置单元格格式

用户可以设置单元格格式，让金额自动添加货币符号及千位分隔符，并且只保留整数。操作方法为：同时选中G3～G22和I3～O22单元格区域，按【Ctrl+1】组合键，打开“设置单元格格式”对话框，在“数字”选项卡中选择“货币”选项，设置小数位数为“0”，选择货币符号为“￥”，最后单击“确定”按钮即可，如图4-78所示。

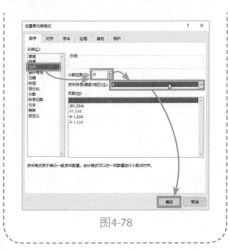

图4-78

Step02：选中H3单元格，先输入等号，然后在等号后输入函数DATEDIF，如图4-79所示。

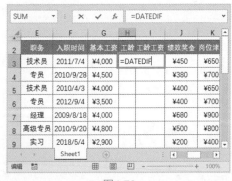

图4-79

Step03：继续输入左括号，将光标移动到单元格F3上方，单击鼠标，公式中随即出现F3，如图4-80所示。

Step04：在F3后面输入逗号，继续手动输入字母T，公式下方随即出现一个列表，显示所有以T开头的函数。找到TODAY函数并双击，即可将该函数输入到公式中，如图4-81所示。

图4-80

图4-81

Step05： 继续输入公式的剩余部分，完整的公式为"=DATEDIF(F3,TODAY()，"Y")"，公式输入完成后按【Enter】键即可计算出结果。如图4-82所示。

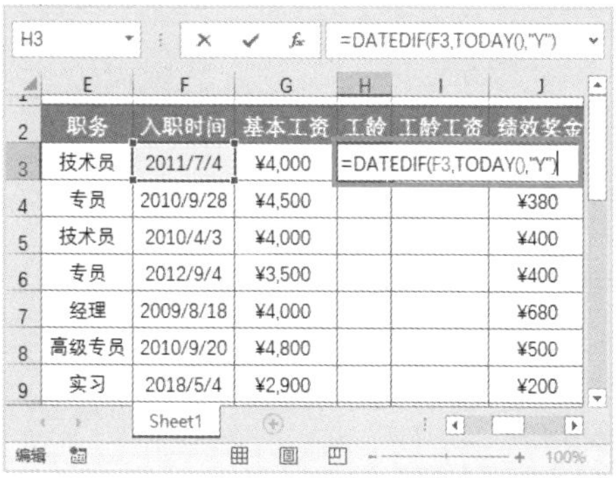

图4-82

Step06： 再次选中H3单元格，向下方拖动填充柄，如图4-83所示。

图4-83

Step07： 拖动至H22单元格时松开鼠标。此时所有员工的工龄及被计算了出来，如图4-84所示。

图4-84

🔍 知识点拨

修改公式

公式计算完成后若要修改公式，可选中公式所在单元格，双击选中的单元格，或在键盘上按【F2】键，让该单元格进入编辑状态，在该状态下即可对公式进行修改。修改完成后仍要按【Enter】键返回计算结果。

4.3.2 使用函数计算薪资数据

下面继续介绍如何使用其他公式计算出员工薪资表中的剩余薪资项目。

Step01： 选中I3单元

扫一扫，看视频

格，打开"公式"选项卡，在"函数库"组中单击"逻辑"下拉按钮，在下拉列表中选择IF选项，如图4-85所示。

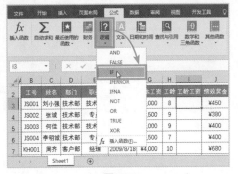

图4-85

Step02：打开"函数参数"对话框，依次设置参数为"H3<4""H3*50""H3*100"。单击"确定"按钮，如图4-86所示。

图4-86

Step03：I3单元格中随即显示出计算结果。将该公式向下方填充，计算出所有员工的工龄工资，如图4-87所示。

图4-87

Step04：在工作簿中插入一张新工作表，在新工作表中创建职位津贴标准表。随后将Sheet1工作表重命名为"员工工资表"，将Sheet2工作表重命名为"津贴标准"，如图4-88所示。

图4-88

Step05：打开"员工工资表"选中K3单元格，在"公式"选项卡中单击"查找与引用"下拉按钮，在下拉列表中选择VLOOKUP选项，如图4-89所示。

图4-89

Step06：打开"函数参数"对话框，依次设置参数为E3、津贴标准!$B$2:$C$8、2、FALSE，单击"确定"，如图4-90所示。

Step07：K3单元格中随即计算出公式结果，将该公式向下方填充，计算出所有员工的岗位津贴，如图4-91所示。

图4-90

图4-91

Step08： 选中L3单元格，输入公式"=G3+I3+J3+K3"，按【Enter】键计算出结果，随后将该公式向下放填充，计算出所有员工的应付工资，如图4-92所示。

图4-92

Step09： 选中O3单元格，输入公式"=L3-M3-N3"，按Enter键返回计算

结果。随后向下填充该公式，计算出所有员工的实发工资，如图4-93所示。

图4-93

4.3.3 创建工资查询表

若公司的员工很多，要想根据员工的工号从工资表中查询某位员工的工资，可以使用VLOOKUP函数进行快速查询。

扫一扫，看视频

Step01： 在工作簿中新建工作表Sheet3，随后将工作表名称修改为"工资查询表"。在该工作表创建工资查询表的基础表格。效果如图4-94所示。

图4-94

Step02： 选中C3单元格，打开"数据"选项卡，在"数据工具"组中单击"数据验证"按钮，如图4-95所示。

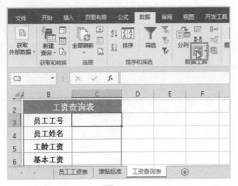

图4-95

Step03：弹出"数据验证"对话框，设置验证条件为"序列"设置序列，来源为"=员工工资表!$B$3:$B$22"，单击"确定"按钮，如图4-96所示。

图4-96

Step04：此时C3单元格右侧出现了一个下拉按钮，单击该按钮，选择一个工号。即可将该工号输入到单元格内，如图4-97所示。

图4-97

Step05：选中C4单元格，输入公式"=VLOOKUP($C$3,员工工资表!$B$2:$P$22,2,FALSE)"，如图4-98所示。公式输入完成后按【Enter】键，即可显示出要查询的工号对应的员工姓名。

图4-98

Step06：将C4单元格的公式向下方填充，如图4-99所示。

图4-99

注意事项 **不带格式填充功能**

填充公式后单击单元格区域右下角的"自动填充选项"按钮，选择"不带格式填充"选项，可以避免表格的边框被破坏，如图4-100所示。

图4-100

Step07: 双击C5单元格，让该单元格中的公式进入编辑模式，将公式中的参数"2"修改成"8"。修改完成后按【Enter】键重新返回计算结果，如图4-101所示。

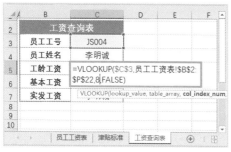

图4-101

Step08: 参照上一个步骤修改C6单元格中的公式，将参数"2"修改为"6"，随后继续修改C7单元格中的公式，将参数"2"修改成"14"，如图4-102所示。

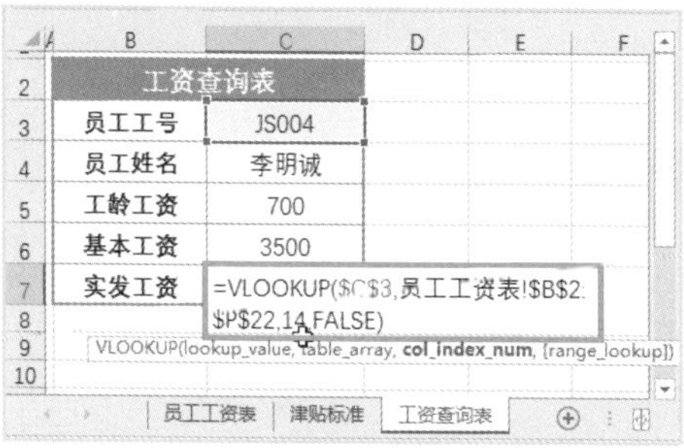

图4-102

Step09: 至此，完成工资查询表的制作。效果如图4-103所示。

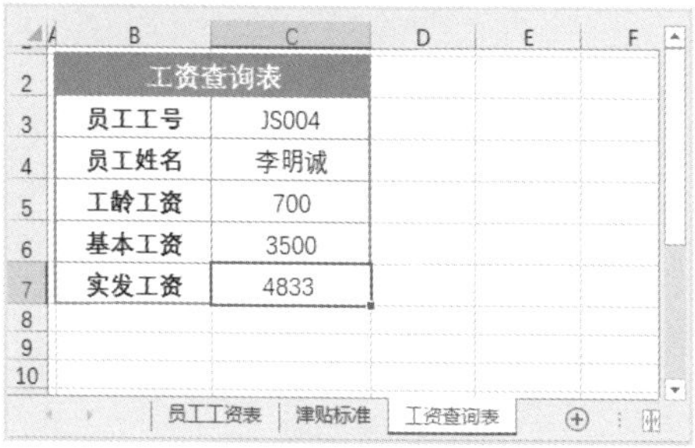

图4-103

4.3.4 批量制作工资条

扫一扫，看视频

根据员工工资表还可以批量制作工资条，下面介绍具体操作方法。

Step01: 在工作簿中新建一张工作表，重命名为"工资条"。将员工工资表中的表头复制到该工作表中。为A1～N2单元格区域设置简单的边框效果，如图4-104所示。

图4-104

Step02: 选中A2单元格，输入公式"=OFFSET(员工工资表!$B$2,ROW()/3+1,COLUMN()-1)"。随后按【Enter】键返回计算结果，如图4-105所示。

图4-105

Step03: 将A2单元格中的公式填充到B2～N2单元格区域。选中E2单元格，打开"开始"选项卡，在"数字"组中单击"数字格式"下拉按钮，在列表中选择"短日期"选项，如图4-106所示。

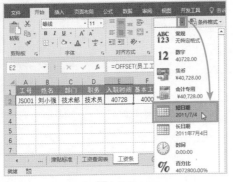

图4-106

Step04： 选中A1～N3单元格区域，将光标放在所选区域的右下角，按住鼠标左键，向下拖动填充柄，如图4-107所示。

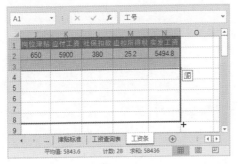

图4-107

注意事项 批量制作工资条需注意

在执行填充操作之前所选中的单元格区域为A1～N3，这个区域的最后一行是空白行，这是为了让每一个工资条之间都有一个空行，便于查看和打印后的裁剪。

Step05： 拖动到第59行时松开鼠标，完成工资条的制作。效果如图4-108所示。

图4-108

拓展练习 **制作公司礼品采购清单**

公司在举行活动或某些节日的时候会为员工发放一些礼品。采购回来的礼品需要制作清单以便统计和报销。下面在Excel中制作这样的一份礼品采购清单。

Step01： 输入基础数据，调整行高和列宽，所有数据居中显示。设置文本型数据的字体为"微软雅黑"，数字型数据字体为"Arial"，将所有表示价格的数据设置成"货币"格式。如图4-109所示。

序号	采购日期	礼品名称	单位	采购数量	采购单价	采购金额
1	2019/8/1	挂烫机	台	10	¥199.00	¥1,990.00
2	2019/8/1	电饭煲	台	15	¥499.00	¥7,485.00
3	2019/8/2	微波炉	台	20	¥400.00	¥8,000.00
4	2019/8/2	豆浆机	台	8	¥270.00	¥2,160.00
5	2019/8/2	榨汁机	台	14	¥699.00	¥9,786.00
6	2019/8/3	保温杯	个	12	¥178.00	¥2,136.00
7	2019/8/3	吹风机	个	6	¥368.00	¥2,208.00
8	2019/8/4	行李箱	个	20	¥200.00	¥4,000.00
9	2019/8/4	冰箱	台	2	¥2,000.00	¥4,000.00
10	2019/8/5	饮水机	台	12	¥249.00	¥2,988.00
11	2019/8/5	零食大礼包	箱	30	¥180.00	¥5,400.00

图4-109

Step02： 设置序号的格式为"自定义"格式代码为"00"，如图4-110所示。

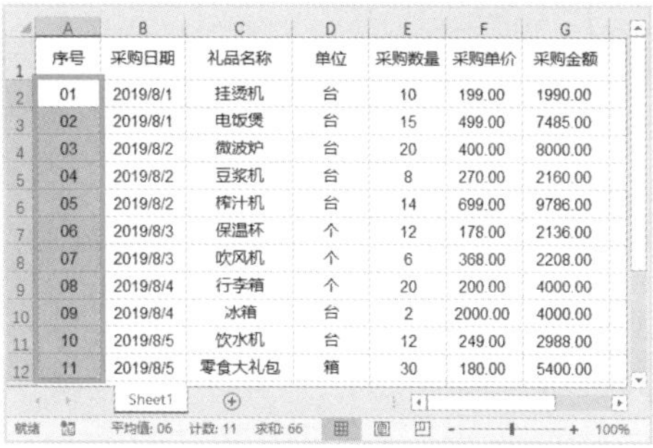

图4-110

Step03： 设置标题的填充颜色为"橙色，个性色2"，字体颜色为"白色，背景1"，字体效果为"加粗"，如图4-111所示。

图4-111

Step04： 为表格设置隔行填充效果，填充颜色为"白色，背景1，深色5%"，如图4-112所示。

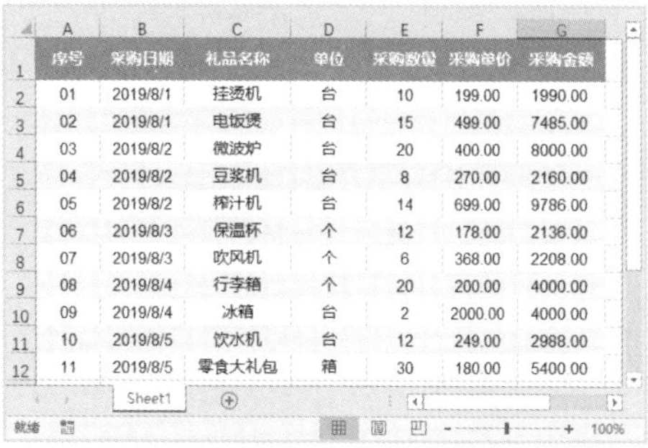

图4-112

Step05： 设置表格底部边框线条样式为"双线"，线条颜色为"橙色，个性色2"。隐藏数据表的网格线。至此完成礼品采购清单的制作，如图4-113所示。

图4-113

职场答疑Q&A

1. Q：有没有既省时效果又好的美化表格的方法？

　　A： Excel包含了很多的内置表格样式，可以直接套用表格样式。具体的操作步骤为：选中数据表中的任意一个单元格，在"开始"选项卡的"样式"组内单击"套用表格格式"下拉按钮，在下拉列表中选择一个满意的样式，随后在弹出的对话框中设置好表数据的来源（一般使用默认的数据源）即可。

2. Q：如何让单元格中的文本垂直显示？

　　A： 其实有多种方法可以实现。方法1：逐字手动换行，快捷键为【Alt+Enter】；方法2：自动改变数据方向，在"开始"选项卡中的"对齐方式"组内单击"方向"下拉按钮，从列表中可选择需要的文字方向。

图4-114

3.　Q：只想将表格中的某部分内容发送给他人查看该如何操作？

　　A：可以将表格复制成图片发送给他人。操作方法为：选中需要复制成图片的单元格区域，在"开始"选项卡中的"剪贴版"组中的"复制"下拉按钮，选择"复制为图片"选项。在随后弹出的对话框中选择需要的选项。最后在"剪贴板"组中单击"粘贴"按钮即可，如图4-114所示。

4.　Q：比较复杂的公式应该如何输入？

　　A：可以使用"插入公式"功能进行输入。操作方法为：在"插入"选项卡中的"符号"组内单击"公式"按钮，此时工作表中会被插入一个矩形文本框，同时功能区中会新增两个活动选项卡，即"绘图工具－格式"及"公式工具－设计"选项卡。用户可以通过这两个选项卡向文本框中输入需要的公式。

第5章

数据的处理与分析

内容导读

Excel除了可以进行数据的记录和计算外，还可以对数据进行处理，以方便用户迅速掌握有用信息。数据分析是Excel的强项，它能够按照一定的条件进行排序、筛选、合并计算，还能够根据现有数据做出预测方案。本章将对Excel数据分析这项功能的一些基础知识进行介绍。

案例效果

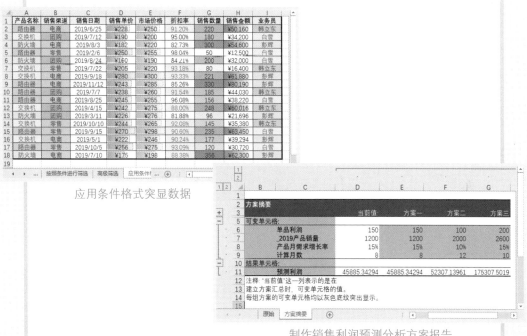

应用条件格式突显数据

制作销售利润预测分析方案报告

5.1 对销售明细表执行排序和筛选

　　销售明细表是每个企业销售部门的必做功课。销售表在记录时可能比较杂乱，给后期的统计和查找带来一定的难度。用户可以使用Excel的排序和筛选功能，让表格变身，快速显示出需要的数据信息。

5.1.1 对销售明细表进行简单排序

　　下面将对"销售金额"数据列进行升序排序，具体操作如下：

Step01： 打开素材文件，如图5-1所示。其中的公式和数据格式的使用，可参考前面章节的知识。

扫一扫，看视频

图5-3

Step04： 此时表格中的数据会按照"销售金额"数据列，从小到大进行排序，如图5-4所示。

产品名称	销售渠道	销售日期	销售单价	市场价格	折扣率	销售数量	销售金额	业务员
路由器	电商	2019/6/25	¥228	¥250	91.20%	220	¥50,160	韩立东
交换机	团购	2019/7/12	¥190	¥200	95.00%	180	¥34,200	白雪
防火墙	电商	2019/8/3	¥182	¥220	82.73%	300	¥54,600	彭辉
防火墙	团购	2019/2/6	¥250	¥255	98.04%	50	¥12,500	白雪
防火墙	零售	2019/8/24	¥160	¥190	84.21%	200	¥32,000	白雪
交换机	零售	2019/7/22	¥205	¥220	93.18%	80	¥16,400	韩立东
交换机	电商	2019/9/18	¥280	¥300	93.33%	221	¥61,880	彭辉
路由器	电商	2019/11/12	¥243	¥285	85.26%	330	¥80,190	彭辉
路由器	团购	2019/7/7	¥238	¥260	91.54%	185	¥44,030	韩立东
路由器	电商	2019/8/25	¥245	¥255	96.08%	156	¥38,220	白雪
交换机	团购	2019/4/15	¥242	¥275	88.00%	248	¥60,016	韩立东
防火墙	团购	2019/3/11	¥226	¥276	81.88%	96	¥21,696	彭辉
交换机	团购	2019/10/10	¥244	¥265	92.08%	145	¥35,380	韩立东
路由器	零售	2019/9/15	¥270	¥298	90.60%	235	¥63,450	白雪
交换机	电商	2019/5/1	¥175	¥198	88.38%	356	¥62,300	白雪
路由器	团购	2019/10/5	¥256	¥275	93.09%	120	¥30,720	白雪
防火墙	电商	2019/7/10	¥175	¥198	88.38%	356	¥62,300	彭辉

Sheet1

图5-1

Step02： 选中"销售金额"数据列中任意单元格，这里选择H2单元格，如图5-2所示。

折扣率	销售数量	销售金额	业务员
91.20%	220	¥50,160	韩立东
95.00%	180	¥34,200	白雪
82.73%	300	¥54,600	彭辉
98.04%	50	¥12,500	白雪
84.21%	200	¥32,000	白雪
93.18%	80	¥16,400	韩立东
93.33%	221	¥61,880	彭辉

图5-2

Step03： 在"开始"选项卡"编辑"选项组中，单击"排序和筛选"下拉按钮，选择"升序"选项，如图5-3所示。

销售单价	市场价格	折扣率	销售数量	销售金额	业务员
¥250	¥255	98.04%	50	¥12,500	白雪
¥205	¥220	93.18%	80	¥16,400	韩立东
¥226	¥276	81.88%	96	¥21,696	彭辉
¥256	¥275	93.09%	120	¥30,720	白雪
¥160	¥190	84.21%	200	¥32,000	白雪
¥190	¥200	95.00%	180	¥34,200	白雪
¥244	¥265	92.08%	145	¥35,380	韩立东
¥245	¥255	96.08%	156	¥38,220	白雪
¥222	¥246	90.24%	177	¥39,294	彭辉
¥238	¥260	91.54%	185	¥44,030	韩立东
¥228	¥250	91.20%	220	¥50,160	韩立东
¥182	¥220	82.73%	300	¥54,600	彭辉
¥242	¥275	88.00%	248	¥60,016	韩立东
¥280	¥300	93.33%	221	¥61,880	彭辉
¥175	¥198	88.38%	356	¥62,300	白雪
¥270	¥298	90.60%	235	¥63,450	白雪
¥243	¥285	85.26%	330	¥80,190	彭辉

图5-4

🔍 **知识点拨**

按行进行排序
默认情况下，Excel是按列进行排序。当然，由于表格创建的不同，有时也会需要按行进行排序。这时，Excel肯定可以按行进行排序。在"排序和筛选"列表中，选择"自定义排序"选项，在"排序"对话框中，单击"选项"按钮，在"排序选项"对话框中进行设置即可，如图5-5所示。

图5-5

5.1.2 按条件对销售明细表进行排序

除了简单排序外，还可以按照一些特定条件对表中的数据进行排序。下面将以"产品名称"进行升序排列，然后再以"销售数量"进行降序排列为例，介绍具体的操作步骤。

Step01： 选中表格中任意单元格，在"开始"选项卡"编辑"选项组中，单击"排序和筛选"下拉按钮，选择"自定义排序"选项，如图5-6所示。

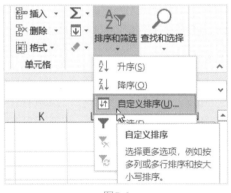

图5-6

Step02： 在"排序"对话框中，单击"主要关键字"下拉按钮，选择"产品名称"选项，如图5-7所示。其他的"排序依据"和"次序"根据排序需要进行选取，这里保持默认值。

图5-7

Step03： 单击"添加条件"按钮，来增加一个排序条件选项，如图5-8所示。这里，也可以对条件进行删除和复制，以及调整排序的先后顺序，因为不同的排序条件所得的结果也是不同的。

图5-8

Step04： 在"次要关键字"中，选择"销售数量"选项，如图5-9所示。

图5-9

Step05： 在"次序"中，选择"降序"选项，如图5-10所示。

图5-10

Step06： 所有条件设置完成后，单击"确定"按钮，如图5-11所示。

图5-11

Step07： 返回到工作表中，此时系统会先按"产品名称"进行升序排序，在相同的产品名称中，又按照"销售数量"进行降序排列，如图5-12所示。

产品名称	销售果别	销售日期	销售单价	市场价格	折扣率	销售数量	销售金额	业务员
防火墙	电商	2019/7/10	¥175	¥198	88.38%	356	¥62,300	彭辉
防火墙	电商	2019/8/3	¥182	¥200	82.73%	300	¥54,600	彭辉
防火墙	团购	2019/8/24	¥160	¥190	84.21%	200	¥32,000	白雪
交换机	零售	2019/3/11	¥226	¥276	81.88%	96	¥21,696	彭辉
交换机	电商	2019/4/15	¥242	¥275	88.00%	248	¥60,016	韩立东
交换机	电商	2019/9/18	¥280	¥300	93.33%	221	¥61,880	彭辉
交换机	团购	2019/7/12	¥190	¥200	95.00%	180	¥34,200	白雪
交换机	电商	2019/5/1	¥222	¥246	90.24%	177	¥39,294	彭辉
交换机	团购	2019/10/10	¥244	¥265	92.08%	145	¥35,380	韩立东
路由器	电商	2019/8/25	¥243	¥285	85.26%	330	¥80,190	韩立东
路由器	电商	2019/9/15	¥270	¥298	90.60%	235	¥63,450	白雪
路由器	电商	2019/6/25	¥228	¥250	91.20%	220	¥50,160	韩立东
路由器	团购	2019/7/7	¥238	¥260	91.54%	185	¥44,030	韩立东
路由器	零售	2019/10/5	¥256	¥275	93.09%	120	¥30,720	白雪
路由器	零售	2019/2/6	¥250	¥255	98.04%	50	¥12,500	白雪

图5-12

5.1.3 筛选销售明细表中的指定数据

除数据排序外，数据筛选也是很常用的功能。筛选功能可以快速筛选出符合某个条件的所有行。下面介绍筛选的操作。

（1）按照业务员名称筛选

首先介绍按照业务员名称进行简单筛选的方法。

Step01： 选中表格数据部分任意单元格，在"开始"选项卡"编辑"选项组中，单击"排序和筛选"下拉按钮，选择"筛选"选项，如图5-13所示。

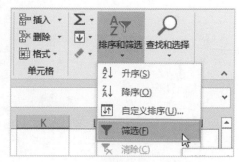

图5-13

Step02： 此时，在表格的表头会添加筛选器，如图5-14所示。

产品名称	销售果别	销售日期	销售单价	市场价格	折扣率	销售数量	销售金额	业务员
路由器	电商	2019/6/25	¥228	¥250	91.20%	220	¥50,160	韩立东
交换机	团购	2019/7/12	¥190	¥200	95.00%	180	¥34,200	白雪
防火墙	电商	2019/8/3	¥182	¥200	82.73%	300	¥54,600	彭辉
交换机	零售	2019/2/6	¥250	¥255	98.04%	50	¥12,500	白雪
防火墙	团购	2019/8/24	¥160	¥190	84.21%	200	¥32,000	白雪
交换机	电商	2019/7/22	¥205	¥222	93.18%	80	¥16,400	白雪
交换机	电商	2019/9/18	¥280	¥300	93.33%	221	¥61,880	彭辉
路由器	电商	2019/11/12	¥243	¥285	85.26%	330	¥80,190	韩立东
路由器	团购	2019/7/7	¥238	¥260	91.54%	185	¥44,030	韩立东
路由器	电商	2019/8/25	¥255	¥255	96.08%	156	¥38,220	白雪
交换机	电商	2019/4/15	¥242	¥275	88.00%	248	¥60,016	韩立东
交换机	零售	2019/3/11	¥226	¥276	81.88%	96	¥21,696	彭辉
交换机	电商	2019/10/10	¥244	¥265	92.08%	145	¥35,380	韩立东
路由器	电商	2019/9/15	¥270	¥298	90.60%	235	¥63,450	白雪
交换机	电商	2019/5/1	¥222	¥246	90.24%	177	¥39,294	彭辉
路由器	零售	2019/10/5	¥256	¥275	93.09%	120	¥30,720	白雪
防火墙	电商	2019/7/10	¥175	¥198	88.38%	356	¥62,300	彭辉

图5-14

🔍**知识点拨**

为什么一定要选中表格数据部分

一般Excel操作需要先选择操作对象，再启动各种功能进行设置。如果没有选择操作对象，或者选择的对象不正确，那么系统会提示"这无法应用于所选区域，请选择区域中的单个单元格，然后再试"，所以建议用户先选择操作对象。

Step03： 单击"业务员"一列的筛选器，取消不需要的复选框，选中需要显示的业务员，这里勾选"白雪"，单击"确定"按钮，如图5-15所示。

Step04： 设置完成后，系统会自动筛选出业务员白雪的一些销售数据，如图5-16所示。

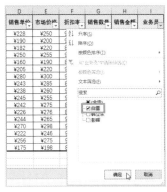

图5-15

于90%的销售数据。

Step01： 按照上一节的，启动"筛选"功能，如图5-18所示。

产品名	销售渠	销售日期	销售单	市场价	折扣率	销售数	销售金	业务员
路由器	电商	2019/6/25	¥228	¥250	91.20%	220	¥50,160	韩立东
交换机	团购	2019/7/12	¥190	¥200	95.00%	180	¥34,200	白雪
防火墙	团购	2019/8/3	¥182	¥220	82.73%	300	¥54,600	彭辉
路由器	零售	2019/2/6	¥250	¥255	98.04%	50	¥12,500	白雪
防火墙	团购	2019/8/24	¥160	¥190	84.21%	200	¥32,000	白雪
交换机	零售	2019/9/18	¥205	¥220	93.18%	80	¥16,400	韩立东
路由器	电商	2019/9/18	¥280	¥300	93.33%	221	¥61,880	彭辉
路由器	电商	2019/11/12	¥243	¥285	85.26%	330	¥80,190	彭辉
交换机	团购	2019/7/7	¥238	¥260	91.54%	185	¥44,030	韩立东
路由器	电商	2019/8/25	¥245	¥255	96.08%	156	¥38,220	白雪
交换机	团购	2019/4/15	¥242	¥275	88.00%	248	¥60,016	韩立东
防火墙	团购	2019/3/11	¥226	¥276	81.88%	96	¥21,696	彭辉
交换机	零售	2019/10/10	¥244	¥265	92.08%	145	¥35,380	韩立东
路由器	零售	2019/9/15	¥270	¥298	90.60%	235	¥63,450	白雪
交换机	电商	2019/5/1	¥222	¥246	90.24%	177	¥39,294	彭辉
路由器	零售	2019/10/5	¥256	¥221	93.09%	120	¥30,720	白雪
防火墙	电商	2019/7/10	¥175	¥198	88.38%	356	¥62,300	彭辉

图5-18

A	B	C	D	E	F	G	H	I
产品名称	销售渠道	销售日期	销售单价	市场价格	折扣率	销售数量	销售金额	业务员
交换机	团购	2019/7/12	¥190	¥200	95.00%	180	¥34,200	白雪
路由器	零售	2019/2/6	¥250	¥255	98.04%	50	¥12,500	白雪
防火墙	团购	2019/8/24	¥160	¥190	84.21%	200	¥32,000	白雪
路由器	电商	2019/8/25	¥245	¥255	96.08%	156	¥38,220	白雪
路由器	零售	2019/9/15	¥270	¥298	90.60%	235	¥63,450	白雪
路由器	零售	2019/10/5	¥256		93.09%	120	¥30,720	白雪

图5-16

Step05： 单击筛选器，在其列表中还可对当前列进行排序操作。用户可以按照任意列进行排序，并与筛选功能配合使用，可以得到更准确的数据来进行分析，如图5-17所示。

Step02： 单击"折扣率"的下拉按钮，在"数字筛选"选项组中，选择"小于"选项，如图5-19所示。

D	E	F	G	H	I
销售单价	市场价格	折扣率	销售数量	销售金额	业务员
升序(S)				¥34,200	白雪
降序(O)				¥12,500	白雪
按颜色排序(T)				¥32,000	白雪
从"销售数量"中清除筛选(C)				¥38,220	白雪
				¥63,450	白雪
				¥30,720	白雪

图5-17

知识点拨

筛选中快速选择关键字

上面提到了取消不需要的关键字，那么如果关键字较多怎么办？用户可以先选择"全选"复选框，使其变成全部未选择状态，然后勾选需要显示的关键字，完成选取操作，这样就非常方便了。

（2）按照指定条件进行筛选

下面在表格中筛选出"折扣率"小

图5-19

Step03： 在"自定义自动筛选方式"中，单击"小于"后的方框中输入，"90%"，单击"确定"按钮，如图5-20所示。

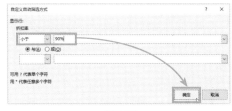

图5-20

Step04： 此时表格中已筛选出所有满足该条件的数据，如图5-21所示。

图5-21

🔍 知识点拨

功能强大的自动筛选方式

Excel提供了很多数字筛选的条件，包括等于、不等于、小于、大于、小于或等于、大于或等于、介于、前10项、高于平均值、低于平均值，以及自定义筛选，如图5-22所示。

图5-22

而在"自定义筛选"中，除了可以选择上面的所有条件外，还可以使用"？"代表单个字符，"*"代表多个字符，基本可以满足用户日常所需的情况了。

5.1.4 对销售明细表进行高级筛选

Excel的筛选功能非常强大，除了以上提到的简单筛选外，还可以根据一些固有条件进行高级筛选。下面将快速筛选出"路由器"的销售额大于50000的所有数据信息。

扫一扫，看视频

Step01：在现有数据表右侧，按照如图5-23所示的格式，输入所需筛选的条件。

销售金额	业务员		产品名称	销售金额
¥50,160	韩立东		路由器	>50000
¥34,200	白雪			
¥54,600	彭辉			
¥12,500	白雪			

图5-23

Step02：选中表格数据中的任意单元格，在"数据"选项卡"排序和筛选"选项组中，单击"高级"按钮，如图5-24所示。

图5-24

Step03：在"高级筛选"对话框中，系统以默认将现有的数据表设为"列表区域"。如需要更改，可重新选择新的数据区域。单击"条件区域"后的"选择"按钮，如图5-25所示。

图5-25

Step04：使用鼠标拖拽的方式，选择条件区域的单元格，在下方会显示筛选的内容，如图5-26所示。完成后，按【Enter】按钮，或者单击"选择完毕"按钮，确认选择。

图5-26

Step05： 可以看到"条件区域"中，已经完成了选择，如图5-27所示。

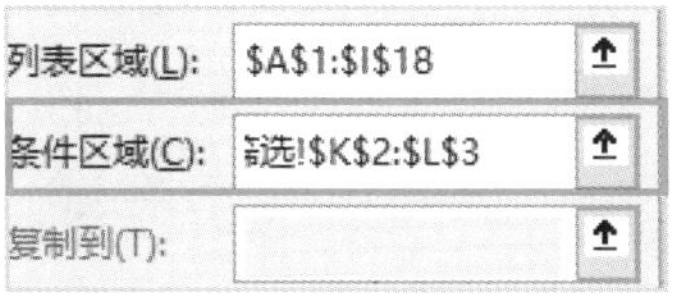

列表区域(L)： $A$1:$I$18
条件区域(C)： 选!$K$2:$L$3
复制到(T)：

图5-27

Step06： 其他的选项可以根据实际需求进行选取。单击"将筛选结果复制到其他位置"单选按钮，单击"复制到"后的选取按钮，如图5-28所示。

图5-28

Step07： 选择"复制到"的位置，这里选择"A20"单元格，作为起始位置，然后单击"完成"按钮，如图5-29所示。

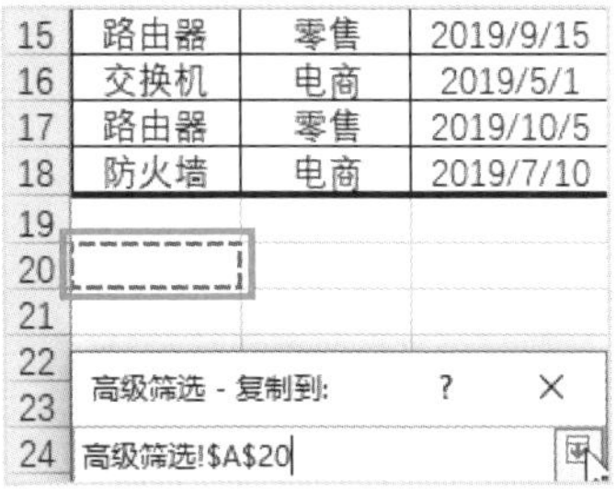

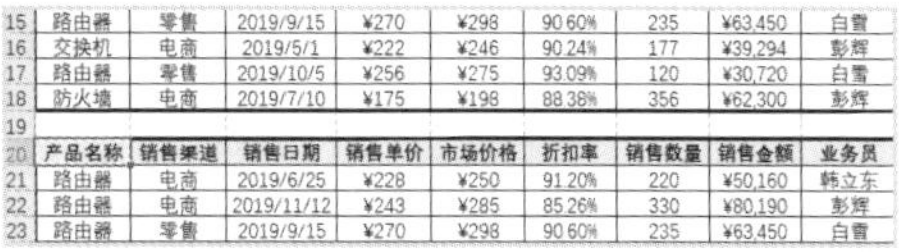

15	路由器	零售	2019/9/15
16	交换机	电商	2019/5/1
17	路由器	零售	2019/10/5
18	防火墙	电商	2019/7/10
19			
20			
21			

高级筛选 - 复制到：　？　×

高级筛选!$A$20

图5-29

Step08： 返回对话框，单击"确定"按钮，如图5-30所示。

图5-30

Step09： 返回到工作表中，可以看到此时已经按照筛选条件，将符合销售金额大于50000的所有路由器销售数据筛选出来，并显示在刚才设定的位置中，如图5-31所示。

图5-31

这种通过筛选条件直接进行筛选的方法简单灵活，非常适合多条件的情况。

5.1.5 应用条件格式突出显示数据

扫一扫，看视频

对数据进行排序，视觉效果并不是特别明显，而筛选的数据，往往又需要在表格中进行对比查看。那么如何能够使筛选出的数据"脱颖而出"呢？下面介绍具体的操作方法。

（1）使用色阶突显销售数量

使用不同的颜色显示不同的数据，而且通过颜色深浅显示数据的大小。

Step01： 选中需要操作的数据列，这里选择G列，如图5-32所示。

产品名称	销售渠道	销售日期	销售单价	市场价格	折扣率	销售数量	销售金额	业务员
路由器	电商	2019/6/25	¥228	¥250	91.20%	220	¥50,160	韩立东
交换机	团购	2019/7/12	¥190	¥200	95.00%	180	¥34,200	白雪
防火墙	电商	2019/8/3	¥182	¥220	82.73%	300	¥54,600	彭辉
路由器	零售	2019/2/6	¥250	¥255	98.04%	50	¥12,500	白雪
防火墙	零售	2019/8/24	¥160	¥190	84.21%	200	¥32,000	白雪
交换机	电商	2019/7/22	¥205	¥220	93.18%	80	¥16,400	韩立东
交换机	电商	2019/9/18	¥280	¥300	93.33%	221	¥61,880	彭辉
路由器	团购	2019/11/12	¥243	¥285	85.26%	330	¥80,190	彭辉
路由器	团购	2019/7/7	¥238	¥260	91.54%	185	¥44,030	韩立东
路由器	电商	2019/8/25	¥245	¥255	96.08%	156	¥38,220	白雪
交换机	团购	2019/4/15	¥242	¥275	88.00%	248	¥21,696	彭辉
防火墙	零售	2019/3/11	¥226	¥276	81.88%	96	¥21,696	彭辉
交换机	零售	2019/10/10	¥244	¥265	92.08%	145	¥35,380	韩立东
路由器	零售	2019/9/15	¥270	¥298	90.60%	235	¥63,450	白雪
交换机	电商	2019/5/1	¥222	¥246	90.24%	177	¥39,294	彭辉
路由器	电商	2019/10/5	¥256	¥275	93.09%	120	¥30,720	白雪
防火墙	电商	2019/7/10	¥175	¥198	88.38%	356	¥62,300	彭辉

图5-32

Step02： 在"开始"选项卡，"样式"选项组中，单击"条件格式"下拉按钮，在"色阶"选项中，选择一个合适的样式。这里选择"红-白"色阶，如图5-33所示。

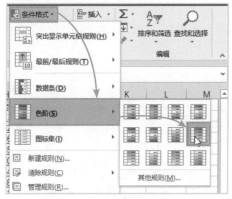

图5-33

Step03： 按色阶突出显示数据，数值越高，颜色越深,效果如图5-34所示。

销售单价	市场价格	折扣率	销售数量	销售金额	业务员
¥228	¥250	91.20%	220	¥50,160	韩立东
¥190	¥200	95.00%	180	¥34,200	白雪
¥182	¥220	82.73%	300	¥54,600	彭辉
¥250	¥255	98.04%	50	¥12,500	白雪
¥160	¥190	84.21%	200	¥32,000	白雪
¥205	¥220	93.18%	80	¥16,400	韩立东
¥280	¥300	93.33%	221	¥61,880	彭辉
¥243	¥285	85.26%	330	¥80,190	彭辉
¥238	¥260	91.54%	185	¥44,030	韩立东
¥245	¥255	96.08%	156	¥38,220	白雪
¥242	¥275	88.00%	248	¥60,016	彭辉
¥226	¥276	81.88%	96	¥21,696	彭辉
¥244	¥265	92.08%	145	¥35,380	韩立东
¥270	¥298	90.60%	235	¥63,450	白雪
¥222	¥246	90.24%	177	¥39,294	彭辉
¥256	¥275	93.09%	120	¥30,720	白雪
¥175	¥198	88.38%	356	¥62,300	彭辉

图5-34

（2）使用数据条显示销售单价

色阶是通过颜色来判断数据的大小，而数据条其实就像图表的数据条一样，在单元格内显示数据大小。

Step01： 选中销售单价列，也就是D列，如图5-35所示。

销售日期	销售单价	市场价格	折扣率	销售数量	销售金额
2019/6/25	¥228	¥250	91.20%	220	¥50,160
2019/7/12	¥190	¥200	95.00%	180	¥34,200
2019/8/3	¥182	¥220	82.73%	300	¥54,600
2019/2/6	¥250	¥255	98.04%	50	¥12,500
2019/8/24	¥160	¥190	84.21%	200	¥32,000
2019/7/22	¥205	¥220	93.18%	80	¥16,400
2019/9/18	¥280	¥300	93.33%	221	¥61,880
2019/11/12	¥243	¥285	85.26%	330	¥80,190
2019/7/7	¥238	¥260	91.54%	185	¥44,030
2019/8/25	¥245	¥255	96.08%	156	¥38,220
2019/4/15	¥242	¥275	88.00%	248	¥60,016
2019/3/11	¥226	¥276	81.88%	96	¥21,696
2019/10/10	¥244	¥265	92.08%	145	¥35,380
2019/9/15	¥270	¥298	90.60%	235	¥63,450
2019/5/1	¥222	¥246	90.24%	177	¥39,294
2019/10/5	¥256	¥275	93.09%	120	¥30,720
2019/7/10	¥175	¥198	88.38%	356	¥62,300

图5-35

Step02： 在"开始"选项卡"样式"选项组的"条件格式"下拉按钮中，从"数据条"选项中，选择"绿色数据条"选项，如图5-36所示。

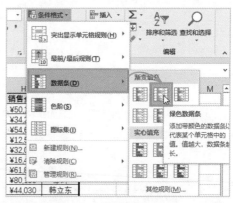

图5-36

Step03： 选择完成后，就可以看到最后的效果，如图5-37所示。

Step04： 按同样方法，为"市场价格"列，设置成"橙色数据条"样式，最后效果，如图5-38所示。

A	B	C	D	E	F
产品名称	销售渠道	销售日期	销售单价	市场价格	折扣率
路由器	电商	2019/6/25	¥228	¥250	91.20%
交换机	团购	2019/7/12	¥190	¥200	95.00%
防火墙	电商	2019/8/3	¥182	¥220	82.73%
路由器	零售	2019/2/6	¥250	¥255	98.04%
防火墙	团购	2019/8/24	¥160	¥190	84.21%
交换机	零售	2019/7/22	¥205	¥220	93.18%
交换机	电商	2019/9/18	¥280	¥300	93.33%
路由器	电商	2019/11/12	¥243	¥285	85.26%
路由器	团购	2019/7/7	¥238	¥260	91.54%
路由器	电商	2019/8/25	¥245	¥255	96.08%
交换机	团购	2019/4/15	¥242	¥275	88.00%
防火墙	团购	2019/3/11	¥226	¥276	81.88%
交换机	电商	2019/10/10	¥244	¥265	92.08%
路由器	零售	2019/9/15	¥270	¥298	90.60%
交换机	电商	2019/5/1	¥222	¥246	90.24%
路由器	零售	2019/10/5	¥256	¥275	93.09%
防火墙	电商	2019/7/10	¥175	¥198	88.38%

图5-37

C	D	E	F	G	H	I
销售日期	销售单价	市场价格	折扣率	销售数量	销售金额	业务员
2019/6/25	¥228	¥250	91.20%	220	¥50,160	韩立东
2019/7/12	¥190	¥200	95.00%	180	¥34,200	白雪
2019/8/3	¥182	¥220	82.73%	300	¥54,600	彭辉
2019/2/6	¥250	¥255	98.04%	50	¥12,500	白雪
2019/8/24	¥160	¥190	84.21%	200	¥32,000	白雪
2019/7/22	¥205	¥220	93.18%	80	¥16,400	韩立东
2019/9/18	¥280	¥300	93.33%	221	¥61,880	彭辉
2019/11/12	¥243	¥285	85.26%	330	¥80,190	韩立东
2019/7/7	¥238	¥260	91.54%	185	¥44,030	韩立东
2019/8/25	¥245	¥255	96.08%	156	¥30,220	白雪
2019/4/15	¥242	¥275	88.00%	248	¥60,016	韩立东
2019/3/11	¥226	¥276	81.88%	96	¥21,696	彭辉
2019/10/10	¥244	¥265	92.08%	145	¥35,380	白雪
2019/9/15	¥270	¥298	90.60%	235	¥63,450	白雪
2019/5/1	¥222	¥246	90.24%	177	¥39,294	白雪
2019/10/5	¥256	¥275	93.09%	120	¥30,720	白雪
2019/7/10	¥175	¥198	88.38%	356	¥62,300	彭辉

图5-38

（3）使用条件规则显示折扣率

条件格式功能除了可以将所有数据进行突出显示外，也可以根据制定的条件规则，突显满足规则的数据。

Step01： 选中"折扣率"数据列，在"开始"选项卡"样式"选项组中，单击"条件格式"下拉按钮，选择"突出显示单元格规则"中的"介于"选项，如图5-39所示。

图5-39

Step02： 在"介于"对话框中，单击第一个"选择数据"按钮，如图5-40所示。

图5-40

Step03： 选择介于的最低值，选择"F12"单元格，如图5-41所示。

图5-41

Step04： 按【Enter】键返回上级目录，在"到"后方框中，输入最高值"94%"，如图5-42所示。

图5-42

Step05： 单击"设置为"下拉按钮，选择合适的颜色，这里选项"黄填充色深黄色文本"选项，如图5-43所示。

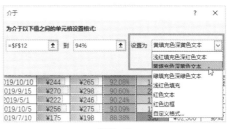

图5-43

Step06： 设置完成后，单击"确定"按钮，返回到表中，可以查看F列中的折扣率在大于"88%"且小于"94%"的数据单元格，使用黄色进行了填充，效果如图5-44所示。

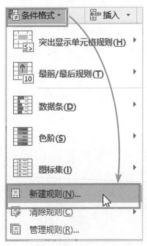

销售日期	销售单价	市场价格	折扣率	销售数量	销售金额	业务员
2019/6/25	¥228	¥250	91.20%	220	¥50,160	韩立东
2019/7/12	¥190	¥200	95.00%	180	¥34,200	白雪
2019/8/3	¥182	¥220	82.73%	300	¥54,600	彭辉
2019/2/6	¥250	¥255	98.04%	50	¥12,500	白雪
2019/8/24	¥160	¥190	84.21%	200	¥32,000	白雪
2019/7/22	¥205	¥220	93.18%	80	¥16,400	韩立东
2019/9/18	¥280	¥300	93.33%	221	¥61,880	彭辉
2019/11/12	¥243	¥285	85.26%	330	¥80,190	彭辉
2019/7/7	¥238	¥260	91.54%	185	¥44,030	韩立东
2019/8/25	¥245	¥255	96.08%	156	¥38,220	白雪
2019/4/15	¥242	¥275	88.00%	248	¥60,016	韩立东
2019/3/11	¥226	¥276	81.88%	96	¥21,696	彭辉
2019/10/10	¥244	¥265	92.08%	145	¥35,380	韩立东
2019/9/15	¥270	¥298	90.60%	235	¥63,450	白雪
2019/5/1	¥222	¥246	90.24%	177	¥39,294	彭辉
2019/10/5	¥256	¥275	93.09%	120	¥30,720	白雪
2019/7/10	¥175	¥198	88.38%	356	¥62,300	彭辉

图5-44

（4）新建条件规则

如果自带的条件规则不能满足需要，用户也可以手动新建条件规则。下面介绍为"销售金额"列新建条件规则，使其大于50000元的数据突出显示。

Step01：选中H列数据部分。在"开始"选项卡"样式"选项组中，单击"条件格式"下拉按钮，选择"新建规则"选项，如图5-45所示。

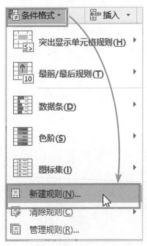

图5-45

Step02：在"新建格式规则"对话框的"选择规则类型"选项列表中，选择"只为包含以下内容的单元格设置格式"选项，如图5-46所示。

图5-46

Step03：在"编辑规则说明"中，单击"介于"下拉按钮，选择"大于"选项，如图5-47所示。

图5-47

Step04：在其后数值框中输入"50000"单击"格式"按钮，设置格式，如图5-48所示。

图5-48

Step05：在"设置单元格格式"对

话框中，可以设置"数字类型""字体""边框""填充"等。在"背景色"中，选择"淡蓝色"，并单击"填充效果"按钮，如图5-49所示。

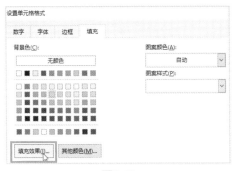

图5-49

Step06：在"填充效果"选项卡中，选择满意的颜色。单击"底纹样式"中的"垂直"单选按钮，并设置变形效果，如图5-50所示，然后确定返回即可。

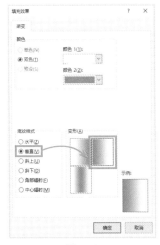

图5-50

Step07：返回到"新建规则类型"对话框中，可以预览效果。设置完成后，单击"确定"按钮，如图5-51所示。

Step08：返回到表中，可以看到，

在H列中，超过5000销售金额的部分，已经使用淡蓝色渐变效果进行了突出显示，如图5-52所示。

图5-51

D	E	F	G	H	I
销售单价	市场价格	折扣率	销售数量	销售金额	业务员
¥228	¥250	91.20%	220	¥50,160	韩立东
¥190	¥200	95.00%	180	¥34,200	白雪
¥182	¥220	82.73%	300	¥54,600	彭辉
¥250	¥255	98.04%	50	¥12,500	白雪
¥160	¥190	84.21%	200	¥32,000	白雪
¥205	¥220	93.18%	80	¥16,400	韩立东
¥280	¥300	93.33%	221	¥61,880	彭辉
¥243	¥285	85.26%	330	¥80,190	彭辉
¥238	¥260	91.54%	185	¥44,030	韩立东
¥245	¥255	96.08%	156	¥38,220	白雪
¥242	¥275	88.00%	248	¥60,016	韩立东
¥226	¥276	81.88%	96	¥21,696	彭辉
¥244	¥265	92.08%	145	¥35,380	韩立东
¥270	¥298	90.60%	235	¥63,450	白雪
¥222	¥246	90.24%	177	¥39,294	彭辉
¥256	¥275	93.09%	120	¥30,720	白雪
¥175	¥198	88.38%	356	¥62,300	彭辉

图5-52

经过突出显示后，所需数据一目了然。这种方法经常用在Excel中。

注意事项 **为什么在选择数据时不选择表头？**

因为如果选择了表头数据，在进行条件格式设置后，会将表头的"销售金额"单元格，也进行突出显示。使用这种方法，除了进行数据突出显示外，还可以进行数据格式的统一设置操作。

Step09：按照同样的方法，对"产品名称""销售渠道""业务员"列的单元格，使用"文本包含"规则进行设置，按类型使用不同的颜色来显示。整个表效果如图5-53所示。

产品名称	销售渠道	销售日期	销售单价	市场价格	折扣率	销售数量	销售金额	业务员
路由器	电商	2019/6/25	¥228	¥250	91.20%	220	¥50,160	韩立东
交换机	团购	2019/7/12	¥190	¥200	95.00%	180	¥34,200	白雪
防火墙	电商	2019/8/3	¥182	¥220	82.73%	300	¥54,600	彭辉
路由器	零售	2019/2/6	¥260	¥255	98.04%	50	¥12,500	韩立东
防火墙	团购	2019/3/24	¥160	¥190	84.21%	200	¥32,000	白雪
交换机	零售	2019/7/22	¥205	¥220	93.18%	80	¥16,400	韩立东
交换机	电商	2019/9/18	¥280	¥300	93.33%	221	¥61,880	彭辉
路由器	电商	2019/11/12	¥243	¥285	85.26%	330	¥80,190	彭辉
路由器	团购	2019/7/7	¥238	¥260	91.54%	185	¥44,030	韩立东
防火墙	电商	2019/8/25	¥245	¥255	96.08%	156	¥38,220	白雪
交换机	零售	2019/4/15	¥242	¥275	88.00%	248	¥60,016	韩立东
防火墙	团购	2019/3/11	¥226	¥276	81.88%	96	¥21,696	彭辉
交换机	零售	2019/10/10	¥244	¥265	92.08%	145	¥35,380	白雪
路由器	零售	2019/9/15	¥270	¥298	90.60%	235	¥63,450	白雪
路由器	电商	2019/5/1	¥222	¥246	90.24%	177	¥39,294	寿辉
路由器	零售	2019/10/5	¥256	¥275	93.09%	120	¥30,720	白雪
防火墙	电商	2019/7/10	¥175	¥198	88.38%	356	¥62,300	彭辉

图5-53

5.2 汇总销售提成表数据

所谓分类汇总就是按照某种数据的类别，对所有符合条件的数据进行汇总的操作。汇总后，可以进行求和、最大值、最小值、平均值等操作。这些功能在对公司数据进行处理时，经常被使用到。本节将以销售提成数据表为例，介绍如何进行分类汇总以及汇总后的计算等操作。

5.2.1 按日期统计提成总额

合并计算是一种可以快速对数据按条件进行计算的方法。计算过程中，自动对数据进行了汇总。下面介绍如何按照销售日期，汇总并计算提成总额的方法。

扫一扫，看视频

Step01：打开素材文件，复制工作表。在空白单元格中，输入表头"销售日期"及"提成金额"，并将光标定位到"销售日期"下方的单元格中，如图5-54所示。

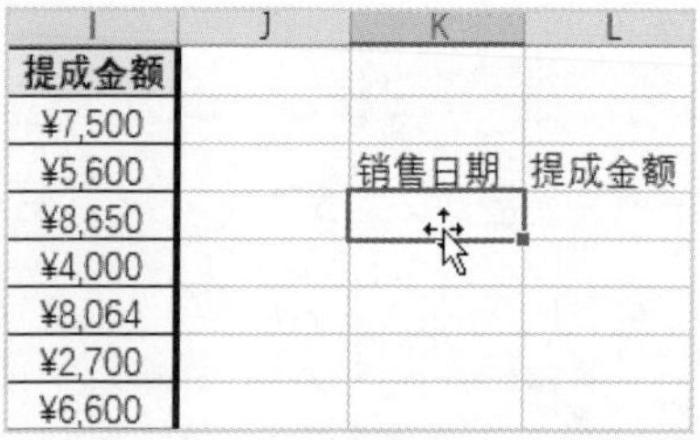

提成金额			
¥7,500			
¥5,600		销售日期	提成金额
¥8,650			
¥4,000			
¥8,064			
¥2,700			
¥6,600			

图5-54

Step02：在"数据"选项卡"数据工具"选项组中，单击"合并计算"按

钮，如图5-55所示。

图5-55

Step03：在"合并计算"对话框中，单击"引用位置"后的"选择"按钮，如图5-56所示。

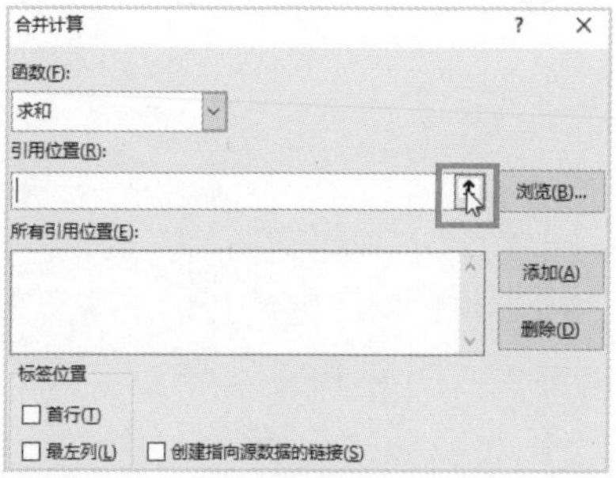

图5-56

Step04：选择表中所有数据，如图

5-57所示。

销售日期	销售人员	销售部门	销售商品	销售单价	成本单价	销售数量	销售金额	提成金额
2020/1/5	曹晓宇	一部	电视	¥3,800	¥3,500	250	¥950,000	¥7,500
2020/1/10	孙培培	二部	电视	¥3,850	¥3,500	160	¥616,000	¥5,600
2020/1/5	孙培培	二部	洗衣机	¥2,800	¥2,300	173	¥484,400	¥8,650
2020/1/5	马志国	二部	冰箱	¥4,000	¥3,800	200	¥800,000	¥4,000
2020/1/15	柳婷	二部	洗衣机	¥2,972	¥2,300	120	¥356,640	¥8,064
2020/1/10	曹晓宇	一部	冰箱	¥3,950	¥3,800	180	¥711,000	¥2,700
2020/1/15	金星	一部	电视	¥3,700	¥3,500	330	¥1,221,000	¥6,600
2020/1/20	马志国	二部	洗衣机	¥2,530	¥2,300	226	¥571,780	¥5,198
2020/1/20	曹晓宇	一部	空调	¥3,620	¥3,300	195	¥705,900	¥6,240
2020/1/5	金星	二部	空调	¥3,550	¥3,300	273	¥969,150	¥6,825
2020/1/10	柳婷	二部	电视	¥3,730	¥3,500	189	¥704,970	¥4,347
2020/1/15	孙培培	二部	冰箱	¥4,120	¥3,800	205	¥844,600	¥6,560
2020/1/20	曹晓宇	一部	洗衣机	¥2,600	¥2,300	282	¥733,200	¥8,460
2020/1/5	金星	一部	洗衣机	¥3,750	¥2,300	305	¥1,143,750	¥44,225
2020/1/20	金星	一部	冰箱	¥4,020	¥3,800	198	¥795,960	¥4,356
2020/1/20	柳婷	二部	空调	¥3,580	¥3,300	246	¥880,680	¥6,888
2020/1/15	曹晓宇	一部	电脑	¥5,200	¥4,500	274	¥1,424,800	¥19,18

合并计算 - 引用位置:

$A$1:$I$18

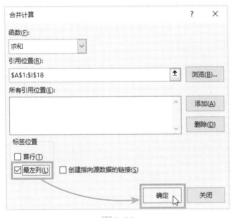

图5-57

Step05：单击“完成”按钮，返回对话框，勾选“最左列”选项，完成后，单击“确定”按钮，如图5-58所示。

注意事项 **保持数据一致性**

这里设置合并计算后，源数据如果变化了，不影响合并计算的结果。如果要保持合并计算结果和数据源的动态联系，就需要勾选“创建指向源数据的链接”复选框。

图5-58

Step06：返回到界面中，此时系统将自动计算出结果，如图5-59所示。

销售日期	提成金额							
销售日期								
43835				¥17,900	¥15,200	1201	¥4,347,300	¥71,200
43840				¥11,530	¥10,800	529	¥2,031,970	¥12,647
43845				¥15,992	¥14,100	929	¥3,847,040	¥40,404
43850				¥16,350	¥15,000	1147	¥3,687,520	¥31,142

图5-59

Step07：选中日期列中的数据，在“开始”选项卡“数字”选项组中，单击“常规”下拉按钮，选择“长日期”选项，将数据格式设置为“长日期”，如图5-60所示。

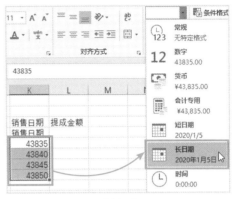

图5-60

Step08：调整显示的列，删除多余的数据，完成合并计算的操作，最终效果如图5-61所示。

销售日期	提成金额
2020年1月5日	¥71,200
2020年1月10日	¥12,647
2020年1月15日	¥40,404
2020年1月20日	¥31,142

图5-61

知识点拨

合并计算高级操作

通过上面的例子，用户会发现，合并计算其实是将最左列的数据作为标签，汇总相同项后，对其他列进行求和。那么如果最左列不是标签，就需要用户对表格进行调整，以达到最左列是关键字的状态。

另外除了求和外，还可以灵活运用其他的公式，如平均值、最大最小值等。

5.2.2 按销售人员汇总提成金额

提成是要发放到人的，一般这种计算需要使用公式或者其他方法。通过本节的学习，用户可以直接使用分类汇总就能计算出结果，而且可以形成类似报表的形式，为相关财务人员带来便利。

扫一扫，看视频

Step01：复制一个新的表，选择B2单元格，在"开始"选项卡"编辑"选项组中，单击"排序和筛选"下拉按钮，选择"升序"选项，如图5-62所示。

图5-62

知识点拨

先排序再分类汇总

Excel中的分类汇总是按照类别进行汇总。排序的作用就是人为将数据进行分类，然后Excel按照分类，将满足分类条件的数据进行汇总计算。而合并计算会自动分类。如果不进行排序，那么分类汇总的数据会非常乱，它只会把连在一起的相同分类进行正确汇总。

Step02：选中表格，在"数据"选项卡"分级显示"选项组中，单击"分类汇总"按钮，如图5-63所示。

Step03：在"分类汇总"对话框中，"分类字段"选择"销售人员"选项，如图5-64所示。

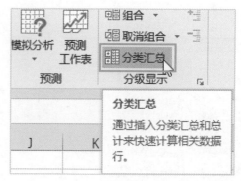

图5-63

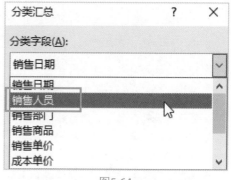

图5-64

Step04："汇总方式"取默认值"求和"，"选定汇总项"设为"提成金额"，如果还需要汇总其他，可以继续勾选对应的复选框。单击"确定"按钮，如图5-65所示。

图5-65

Step05： 此时，系统会按照"销售人员"汇总对应的提成金额，并将每人的和所有人的提成金额进行显示，如图5-66所示。

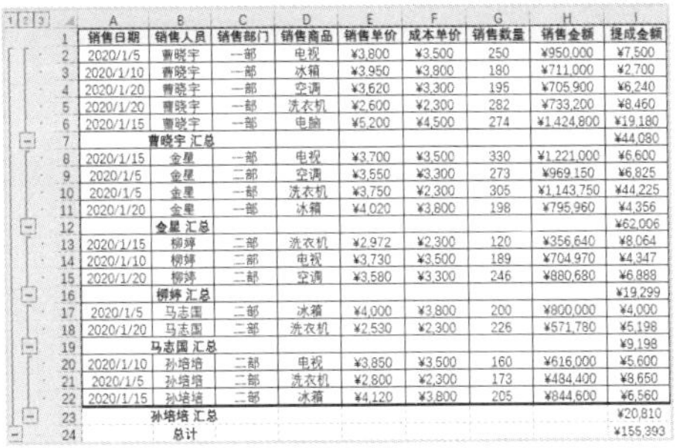

图5-66

🔍 知识点拨

按级别显示汇总结果

在表格左侧出现了很多功能按钮和提示线。它们的作用就是让结果分级显示，以简化当前的状态。让结果根据需求显示，如只需显示汇总数据，则单击"2"按钮，即可查看结果，如图5-67所示。

图5-67

5.2.3 按照日期统计最小销售金额

除了可以计算总值外，还可以汇总计算其他需要的数据。

Step01： 将原始工作表复制到一个新的工作表中，选择A2单元格，单击鼠标右键，在"排序"选项组中，选择"升序"选项，如图5-68所示。

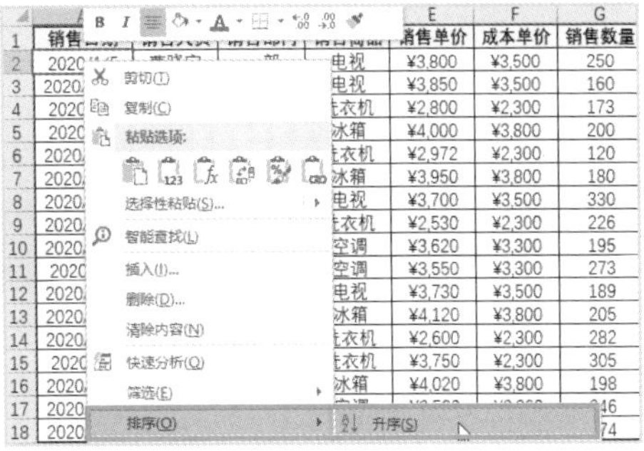

扫一扫，看视频

图5-68

Step02： 将光标定位到表中任意数据单元格中，在"数据"选项卡"分级显示"选项组中，单击"分类汇总"按钮，如图5-69所示。

图5-69

Step03： 在"分类汇总"对话框的"汇总方式"列表中，选择"最小值"选项，如图5-70所示。

图5-70

Step04： 在"选定汇总项"列表中，取消勾选"提成金额"复选框，勾选"销售金额"复选框，其余保持默认，单击"确定"按钮，如图5-71所示。

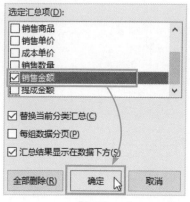

图5-71

Step05： 返回到工作表中，可以查看每天销售最少金额的相关数据，如图5-72所示。

图5-72

可以看到有些人员重复了，这种情况就需要单独进行计算。

5.2.4 按照部门和商品汇总销售数量

通常使用分类汇总，一次就可以达到汇总目标。而分类汇总还可以多次使用，以达到更复杂的要求。下面介绍具体实现方法。当然首先还是需要进行排序操作。

扫一扫，看视频

Step01： 将原始工作表复制到一个新的工作表中，选择任意一个带数据的单元格，单击鼠标右键，在"排序"选项组中，选择"自定义排序"选项，如

图5-73所示。

图5-73

Step02： 在"排序"对话框中，将"主要关键字"设置为"销售部门"，按"降序"排列，将"次要关键字"设置为"销售商品"，按"升序"排列，完成后，单击"确定"按钮，如图5-74所示。

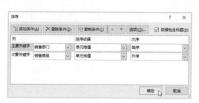

图5-74

Step03： 返回到工作表中，可以看到已经按照销售部门及销售商品进行了排序，如图5-75所示。

图5-75

Step04： 在"数据"选项卡"分级显示"选项组中，单击"分类汇总"按钮，如图5-76所示。

图5-76

Step05：将"分类字段"设置为"销售部门"，"汇总方式"为"求和"，"选定汇总项"为"销售数量"，单击"确定"按钮，如图5-77所示。

图5-77

Step06：返回到工作表中，可以查看汇总结果，如图5-78所示。系统按两个部门分别统计了总的销售数量。

销售日期	销售人员	销售部门	销售商品	销售单价	成本单价	销售数量	销售金额	提成金额
2020/1/10	曹晓宇	一部	冰箱	¥3,950	¥3,800	180	¥711,000	¥2,700
2020/1/20	金星	一部	冰箱	¥4,020	¥3,800	198	¥795,960	¥4,356
2020/1/15	曹晓宇	一部	电脑	¥5,200	¥4,500	274	¥1,424,800	¥19,180
2020/1/5	曹晓宇	一部	电视	¥3,800	¥3,500	250	¥950,000	¥7,500
2020/1/15	金星	一部	电视	¥3,700	¥3,500	330	¥1,221,000	¥6,600
2020/1/20	曹晓宇	一部	空调	¥3,620	¥3,300	195	¥705,900	¥6,240
2020/1/20	曹晓宇	一部	洗衣机	¥2,600	¥2,300	282	¥733,200	¥8,460
2020/1/5	金星	一部	洗衣机	¥3,750	¥2,300	305	¥1,143,750	¥44,225
		一部 汇总				2014		
2020/1/5	马志远	二部	冰箱	¥4,000	¥3,800	200	¥800,000	¥4,000
2020/1/10	孙培培	二部	冰箱	¥4,120	¥3,800	205	¥844,600	¥6,560
2020/1/10	孙培培	二部	电视	¥3,850	¥3,500	160	¥616,000	¥5,600
2020/1/5	柳婷	二部	电视	¥3,730	¥3,500	189	¥704,970	¥4,347
2020/1/20	金星	二部	空调	¥3,550	¥3,300	273	¥969,150	¥6,825
2020/1/20	柳婷	二部	空调	¥3,580	¥3,300	246	¥880,680	¥6,888
2020/1/15	孙培培	二部	洗衣机	¥2,800	¥2,300	173	¥484,400	¥8,650
2020/1/20	柳婷	二部	洗衣机	¥2,972	¥2,300	120	¥356,640	¥8,064
2020/1/20	马志远	二部	洗衣机	¥2,530	¥2,300	226	¥571,780	¥5,198
		二部 汇总				1792		
		总计				3806		

图5-78

Step07：再次执行分类汇总功能，将"分类字段"设置为"销售商品"取消勾选"替换当前分类汇总"，其余保持默认值，单击"确定"按钮，如图5-79所示。

Step08：返回到数据表，更改分级显示，此时会显示各部门总销量以及各部门各单品的销量，如图5-80所示。

图5-79

销售部门	销售商品	销售单价	成本单价	销售数量
	冰箱 汇总			378
	电脑 汇总			274
	电视 汇总			580
	空调 汇总			195
	洗衣机 汇总			587
一部 汇总				2014
	冰箱 汇总			405
	电视 汇总			349
	空调 汇总			519
	洗衣机 汇总			519
二部 汇总				1792
总计				3806

图5-80

🔍 知识点拨

分类汇总高级操作

分类汇总是一种比较特殊的数据生成形式，用普通方法无法删除分类汇总格式。只能在"分类汇总"对话框中，单击"全部删除"来进行删除操作。另外，需要取消"替换当前分类汇总"复选框，否则只能显示最后一次汇总效果。

而取消"汇总结果显示在数据下方"，则所有数据会在数据上方进行显示，如图5-81所示。用户可根据实际需要选择显示的位置。

销售部门	销售商品	销售单价	成本单价	销售数量
	总计			3806
	冰箱 汇总			378
一部	冰箱	¥3,950	¥3,800	180
一部	冰箱	¥4,020	¥3,800	198
	电脑 汇总			274
一部	电脑	¥5,200	¥4,500	274
	电视 汇总			580
一部	电视	¥3,800	¥3,500	250
一部	电视	¥3,700	¥3,500	330
	空调 汇总			195
一部	空调	¥3,620	¥3,300	195

图5-81

5.3 制作销售利润预测分析表

模拟分析功能又叫假设性分析。通过制作计算模型，寻找最佳的方案，为用户的决策提供数据支持。本节将以制作销售利润预测分析表为例，介绍相关的操作方法。

5.3.1 对利润进行模拟运算

模拟运算也可以不使用方案，而是直接使用参数和引用进行。下面介绍具体的操作方法。

扫一扫，看视频

（1）单变量模拟运算

所谓单变量模拟运算，指的是公式中只有一个可变量的情况下进行的模拟运算。比如，本案例中计算月数，这就是个变量，它的不同取值，决定着最后不同的利润值。

Step01：打开素材文件，如图5-82所示。可以看到数据表中，包含单品利润、2019年产品销量、产品月需求增长率以及通过公式计算的此后第10个月的利润。

	A	B
1	单品利润	100
2	2019产品销量	2400
3	产品月需求增长率	15%
4	计算月数	10
5		
6	预测利润	80911.15

图5-82

Step02：将光标定位到D2单元格，输入可变量"计算月数"的取值，如图5-83所示。

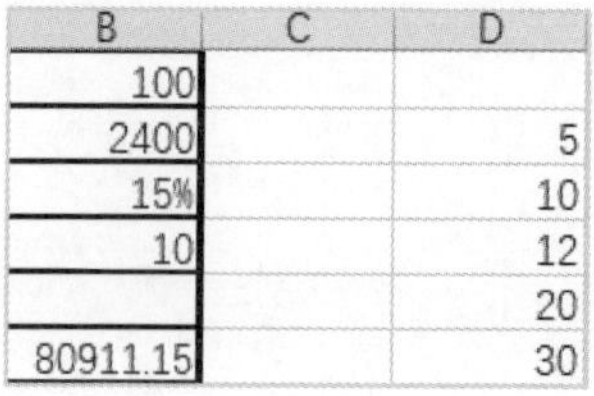

B	C	D
100		
2400		5
15%		10
10		12
		20
80911.15		30

图5-83

Step03：将光标定位到E1单元格，输入"=B6"，按【Enter】键后，结果如图5-84所示。

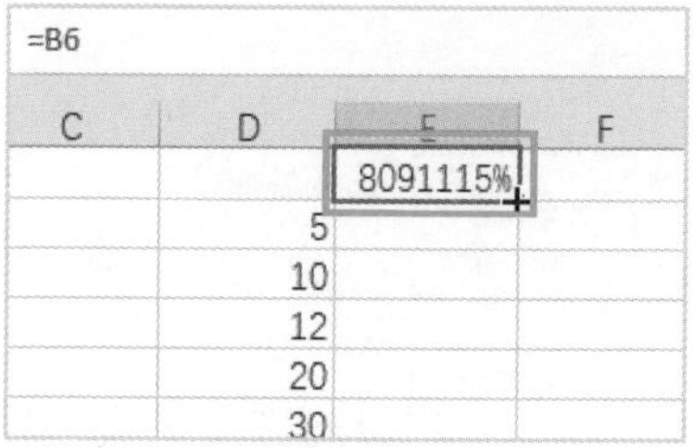

=B6			
C	D	E	F
		8091115%	
	5		
	10		
	12		
	20		
	30		

图5-84

Step04：选中D1～E6所有单元格区域，在"数据"选项卡"预测"选项组中，单击"模拟分析"下拉按钮，选择"模拟运算表"选项，如图5-85所示。

图5-85

Step05：在"输入引用列的单元格"后，输入或者选择"$B$4"单元格，单击"确定"按钮，如图5-86所示。

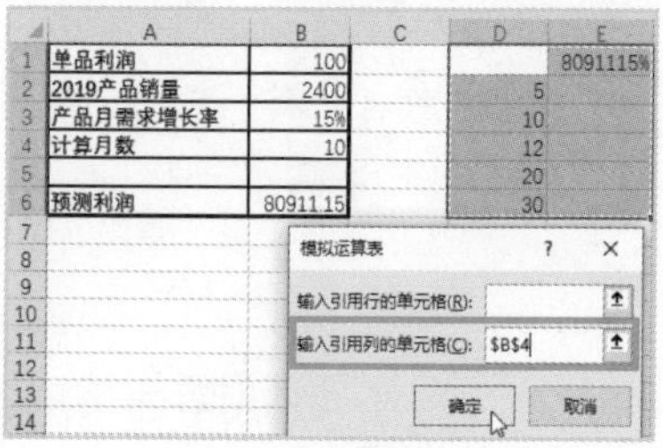

图5-86

Step06：设置后，可以查看计算结果，如图5-87所示。

A	B	C	D	E
单品利润	100			8091115%
2019产品销量	2400		5	40227.14
产品月需求增长率	15%		10	80911.15
计算月数	10		12	107005
			20	327330.7
预测利润	80911.15		30	1324235

图5-87

（2）双变量模拟运算

双变量就意味着将公式中的两个量作为变量处理，并给出其取值范围，那么就能计算出在不同参数条件下的不同结果。类似于$X+Y=Z$，给出不同的X、Y值，来计算Z的值。下面以不同月数和不同增长率作为变量，预测下未来的利润。

Step01：在当前案例空白处，输入公式（=B6）以及可变量取值范围，得到如图5-88所示。

80911.15	5%	10%	12%	20%
5				
10				
12				
20				
30				

图5-88

Step02：选中全部矩阵范围D8～H13单元格区域。启动"模拟运算表"功能，如图5-89所示。

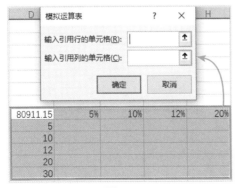

图5-89

Step03：在"输入引用行的单元格中"定义为产品增长率，而"输入引用列的单元格"定义为计算月数，配置完毕后，单击"确定"按钮，如图5-90所示。

图5-90

Step04：返回到工作表中，可以看到，系统通过引用的两个参数，计算出预测的利润值，如图5-91所示。

80911.15	5%	10%	12%	20%
5	26525.63	32210.2	35246.83	49766.4
10	32577.89	51874.85	62116.96	123834.7
12	35917.13	62768.57	77919.52	178322
20	53065.95	134550	192925.9	766752
30	86438.85	348988	599198.4	4747526

图5-91

5.3.2 制作销售利润预测分析方案

模拟运算非常快，但有时只需要按照给定数值的不同组合，制作出预测表，这时就需要使用方案了。下面介绍方案的制作方法。

Step01：选中A1～B6单元格区域，在"公式"选项卡"定义名称"选项组中，单击"根据所选内容创建"按钮，如图5-92所示。

图5-92

Step02： 在打开的对话框中，保持默认值，单击"确定"按钮，如图5-93所示。

图5-93

Step03： 在"数据"选项卡"预测"选项组中，单击"模拟分析"下拉按钮，选择"方案管理器"选项，如图5-94所示。

图5-94

Step04： 在"方案管理器"中，单击"添加"按钮，如图5-95所示。

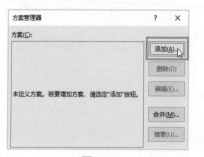

图5-95

Step05： 为方案命名，选择可变单元格为B1~B4单元格区域，如图5-96所示，单击"确定"按钮。

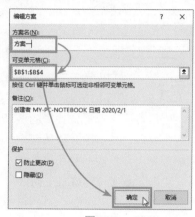

图5-96

Step06： 在"方案变量值"对话框中，输入需要计算的变量取值，如图5-97所示，单击"添加"按钮。

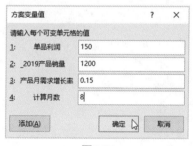

图5-97

Step07： 在"添加方案"对话框中，同样添加方案二和方案三，并输入不同的变量值，如图5-98所示。

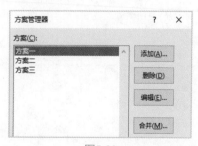

图5-98

5.3.3 生成销售利润预测分析 方案报告

这种查看虽然简单，但是无法实现直观对比的目的。用户可以制作一个方案报告，将所有的方案都展示出来，让阅览者有一个总体的认知。下面介绍具体的制作方法。

扫一扫，看视频

Step01：方案制作完毕后，在"方案管理器"中，单击"摘要"按钮。

Step02：在"方案摘要"对话框中，单击"结果单元格"，选择"B6"单元格，也就是预测利润单元格，单击"确定"按钮，如图5-99所示。

Step03：Excel会自动生成方案摘要，并新建一个工作表，如图5-100所

示。至此，方案报告制作完成。

图5-99

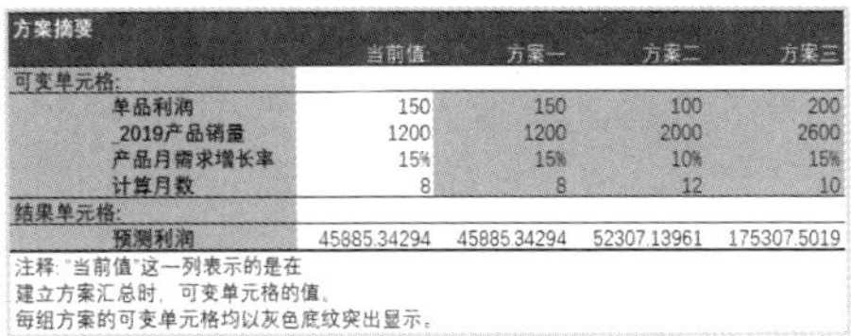

方案摘要		当前值	方案一	方案二	方案三
可变单元格：					
	单品利润	150	150	100	200
	2019产品销量	1200	1200	2000	2600
	产品月需求增长率	15%	15%	10%	15%
	计算月数	8	8	12	10
结果单元格：					
	预测利润	45885.34294	45885.34294	52307.13961	175307.5019

注释："当前值"这一列表示的是在
建立方案汇总时，可变单元格的值。
每组方案的可变单元格均以灰色底纹突出显示。

图5-100

拓展练习　分析员工绩效考核表

下面将以分析员工绩效考核表为例，介绍Excel的排序、筛选、汇总等操作。

Step01：打开素材文件，选中I2单元格，按"完成比"进行排序。在"开始"选项卡"编辑"选项组中，单击"排序和筛选"下拉按钮，选择"降序"选项，如图5-101所示。

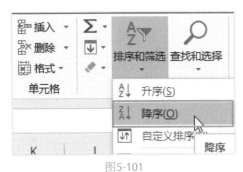

图5-101

Step02：新建工作表，筛选出销售额低于平均值的人，选中G2单元格，启

动"筛选"功能，单击"总销售额"下拉按钮，选择"低于平均值"选项，如图5-102所示。

图5-102

Step03：突出显示扣奖金项。新建并复制工作表，选中J2单元格，在“开始”选项卡的“样式”选项组中，单击“条件样式”下拉按钮，选择“突出显示单元格规则”下的“小于”选项。在对话框中，输入0，单击“确定”按钮，如图5-103所示。

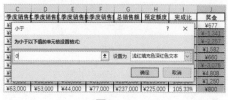

图5-103

Step04：按照部门进行分类汇总并计算销售额平均值。新建并复制数据表，然后按照部门进行降序排列，如图5-104所示。

姓名	部门	一季度销售额	二季度销售额	三季度销售额	四季度销售额	总销售额	预定额度	完成比	奖金
王晓飞	市场一部	¥85,000	¥93,000	¥45,000	¥78,000	¥301,000	¥288,000	104.51%	¥677
吴晓峰	市场一部	¥77,000	¥64,000	¥72,000	¥70,000	¥283,000	¥256,000	110.55%	¥1,582
陈佩佩	市场一部	¥87,000	¥76,000	¥55,000	¥43,000	¥261,000	¥250,000	104.40%	¥660
金星	市场一部	¥23,000	¥34,000	¥50,000	¥52,000	¥159,000	¥200,000	79.50%	¥-3,075
何兴	市场一部	¥63,000	¥53,000	¥44,000	¥77,000	¥237,000	¥225,000	105.33%	¥800
孙鹏	市场二部	¥68,000	¥73,000	¥66,000	¥68,000	¥275,000	¥302,000	91.06%	¥-1,341
马倩	市场二部	¥57,000	¥43,000	¥59,000	¥33,000	¥192,000	¥226,000	84.96%	¥-2,257
肖晓梅	市场二部	¥67,000	¥55,000	¥46,000	¥38,000	¥206,000	¥156,000	132.05%	¥4,808
张云伟	市场二部	¥70,000	¥58,000	¥55,000	¥51,000	¥234,000	¥216,000	108.33%	¥1,250

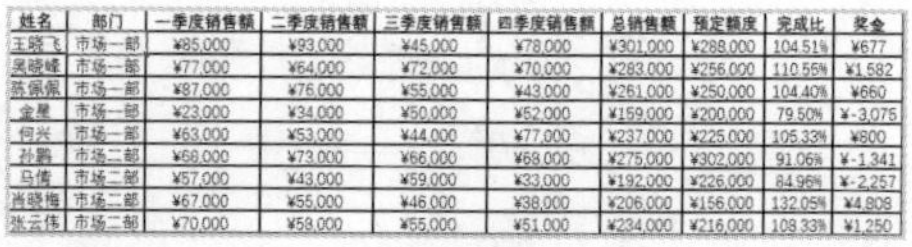

图5-104

Step05：“分类字段”为“部门”，“汇总方式”为“平均值”，“选定汇总项”为“总销售额”，完成汇总，如图5-105所示。

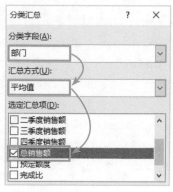

图5-105

职场答疑Q&A

1. Q：隐藏明细后的分类汇总为什么不能复制？

A：分类汇总是可以复制的，但是无法复制隐藏明细后的分类汇总。也就是分级后无法按级别进行复制，复制出来就是整个分类汇总后的表。这时，用户可以按照下面的方法进行复制。

Step01：选中需要复制的分级汇总内容，使用【Ctrl+G】快捷键启动“定位”对话框，在其中单击“定位条件”按钮。在“定位条件”对话框中，单击“可见单元格”单选按钮，如图5-106所示。

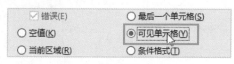

图5-106

Step02：单击“确定”按钮返回后，就可以将此时的分级分类汇总拷贝到其他位置上。如图5-107所示。

姓名	部门	一季度销售额	二季度销售额	三季度销售额	四季度销售额	总销售额	预定额度	完成比	奖金
	市场一部 平均值					¥248,200			
	市场二部 平均值					¥226,750			
	总计平均值					¥238,667			

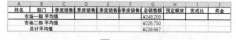

图5-107

2. Q：在筛选时，是不是只能使用一个条件？

A：当然不是，在筛选时，可以自定义自动筛选的方式，并通过“与”确定两个条件都满足；或者是"或"，只满足一个条件即可，如图5-108所示，要灵活搭配。

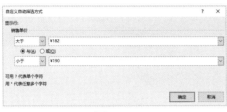

图5-108

3. **Q：模拟分析中的单变量求解是做什么用的?**

A： $X+Y=Z$，正常是给X、Y赋值，然后求Z。那么知道了X和Z的取值，就可以反过来求Y，这就是单变量求解，Y就是单独的变量。该功能就是这个原理。一般在满足结果的情况下，公式中就1个未知量参数，也就是单变量，单变量求解帮用户反过来计算出该变量应该是多少。

第6章

数据的可视化转换

内容导读

Excel作为一款数据处理软件，最主要的作用就是对数据进行处理和分析。而图表则可以让数据分析的结果以更直观的方式呈现出来。本章将介绍图表的创建和应用。

案例效果

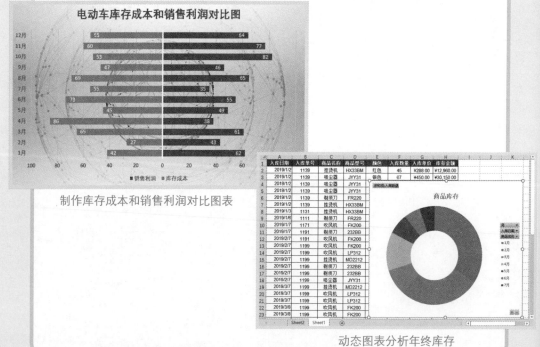

制作库存成本和销售利润对比图表

动态图表分析年终库存

6.1 创建库存成本和销售利润对比图表

产品的库存成本和销售利润之间的关系反映了一个企业的经营成果，当这些数据在Excel中形成记录以后，为了更直观地反映出这两者的关系可以创建图表进行分析。

6.1.1 创建旋风图对比库存成本和销售利润

条形图往往能起到很好的对比效果，而双向条形图（也称为旋风图）在对比同一个项目下的两种不同数据时效果更佳。例如，对比某一产品的库存成本和销售利润数据。下面介绍其创建方法。

扫一扫，看视频

Step01： 打开数据源所在工作表，选中任意一个包含数据的单元格，如图6-1所示。

	A	B	C
1	月份	销售利润	库存成本
2	1月	62	42
3	2月	43	27
4	3月	61	65
5	4月	38	86
6	5月	49	45
7	6月	55	73
8	7月	35	55
9	8月	65	69
10	9月	46	47
11	10月	82	53
12	11月	77	60
13	12月	64	55

图6-1

Step02： 打开"插入"选项卡，在"图表"组中单击"插入柱形图或条形图"下拉按钮，在下拉列表中选择"簇状条形图"选项，如图6-2所示。

图6-2

Step03： 工作表中随即插入条形图。修改图表标题为"电动车库存成本和销售利润对比图"，设置字体格式为"等线""18号""加粗"，如图6-3所示。

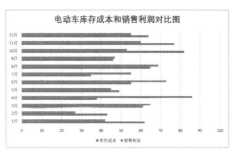

电动车库存成本和销售利润对比图

■库存成本 ■销售利润

图6-3

Step04： 在图表上单击任意一个橙色的条形（"库存成本"系列），此时所有的橙色条形全部被选中。右击任意一个选中的条形，在右键菜单中选择"设置数据系列格式"选项，如图6-4所示。

图6-4

Step05： 打开"设置数据系列格式"窗格，在"系列选项"界面中选中"次坐标轴"单选按钮，如图6-5所示。

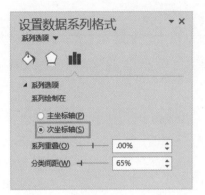

图6-5

Step06： 图表上方出现一个次坐标轴，双击次坐标轴，如图6-6所示。

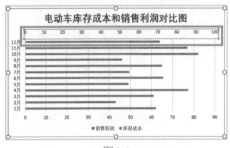

图6-6

Step07： 切换到"设置坐标轴格式"窗格。打开"坐标轴选项"界面，在"坐标轴选项"组中设置边界的最小值为"－100.0"，最大值为"100.0"，如图6-7所示。

图6-7

Step08： 在"坐标轴选项"组中，勾选"逆序刻度值"复选框，结果如图

6-8所示。

图6-8

Step09： 在"数字"组中选择类别为"自定义"，在"格式代码"组中输入"0;0;0"，并单击"添加"按钮，如图6-9所示，将该代码添加到"类型"文本框中，并保证其为选中状态。

图6-9

Step10： 在图表中双击底部的坐标轴（主要横坐标轴），如图6-10所示。

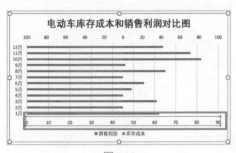

图6-10

Step11: 参照次要坐标轴的设置方法，设置边界"最小值"为"－100.0"，"最大值"为"100.0"，如图6-11所示。

图6-11

Step12: 在"数字"组中设置"类别"为"自定义"，"类型"为"0;0;0"，如图6-12所示。

图6-12

Step13: 在图表中选中垂直坐标轴，并双击，如图6-13所示。

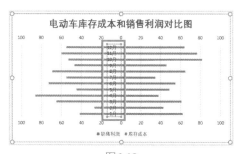

图6-13

Step14: 在"设置坐标轴格式"窗格中打开"坐标轴选项"界面，在"标签"组内设置"标签位置"为"低"，如图6-14所示。

图6-14

Step15: 旋风图创建完成，效果如图6-15所示。

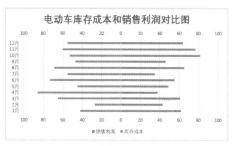

图6-15

🔍 **知识点拨**

使用快捷键插入图表

插入图表也可以使用快捷键，选中数据区域后，按【F11】键即可创建一个图表，但这个图表只能是簇状柱形图。

6.1.2 修改图表布局

图表创建完成后可以根据需要添加或删除图表元素，让图表的布局看起来更合理。

扫一扫，看视频

Step01：选中图表，单击图表右上角的"图表元素"按钮，打开"图表元素"列表，单击"坐标轴"右侧的小三角，在下级列表中取消"主要横坐标轴"和"次要横坐标轴"复选框的勾选，如图6-16所示。

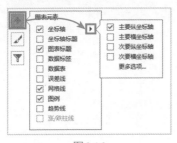

图6-16

Step02：在"图表元素"列表中单击"数据标签"右侧的小三角，在下级列表中选择"数据标签内"选项，如图6-17所示。

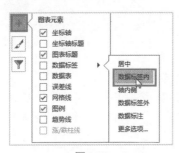

图6-17

Step03：图表的"主要横坐标轴"和"次要横坐标轴"被删除，并添加了数据标签。效果如图6-18所示。

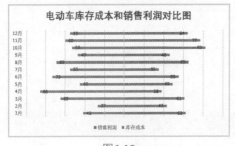

图6-18

知识点拨

隐藏"图表元素"列表

图表元素添加完成后若要隐藏"图表元素"列表，可再次单击图表右上角的"图表元素"按钮。

6.1.3 美化图表

图表在直观地转换数据的同时，如果能兼具美感，那么不管是在客户还是在领导面前无疑都是很加分的。下面简单介绍一些美化图表的技巧。

扫一扫，看视频

Step01：右击任意一个"销售利润"系列，在弹出的菜单中选择"设置数据系列格式"选项，如图6-19所示。

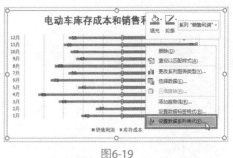

图6-19

Step02：打开"设置数据系列格式"窗格。在"系列选项"界面中设置"分类间距"为"65%"。随后以同样的方法设置"库存成本"系列，将其"分类间距"设置为"65%"，如图6-20所示。

图6-20

Step03: 在图表的"图表区"中双击,打开"设置图表区格式"窗格。在"填充与线条"界面中的"填充"组内选中"图片或纹理填充"单选按钮,随后单击"文件"按钮,如图6-21所示。

图6-21

Step04: 打开"插入图片"对话框,选中所需图片,单击"插入"按钮,如图6-22所示。

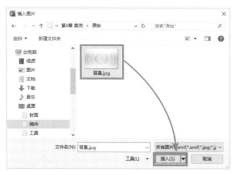

图6-22

Step05: 在图表中双击垂直坐标轴,打开"设置坐标轴格式"窗格。在"填充与线条"界面中的"线条"组内选中"实线"单选按钮,设置"颜色"为"白色,背景1","宽度"为"2磅",如图6-23所示。

Step06: 保持图表为选中状态,在"图表工具-设计"选项卡中单击"更

改颜色"下拉按钮,在列表中选择"颜色9"选项,如图6-24所示。

图6-23

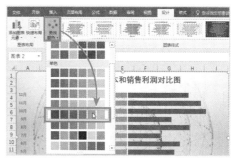

图6-24

Step07: 先选中左侧系列中的数据标签,打开"开始"选项卡,在"字体"组中单击"字体颜色"下拉按钮,在下拉列表中选择"白色,背景1"选项。随后参照此方法将右侧系列中的数据标签也设置为白色,如图6-25所示。

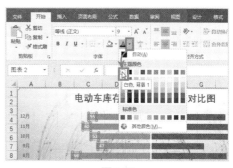

图6-25

Step08： 完成图表的美化，最终效果如图6-26所示。

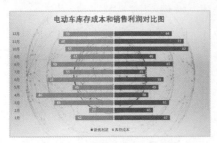

图6-26

6.1.4 使用迷你图分析数据

迷你图是能够放在单元格中显示的小型图表，不会占用太多空间，可以很直观地体现出一行或一列数据的集中趋势。下面介绍如何创建及使用迷你图。

扫一扫，看视频

Step01： 选中需要创建迷你图的数据区域，打开"插入"选项卡，在"迷你图"组中单击"柱形图"按钮，如图6-27所示。

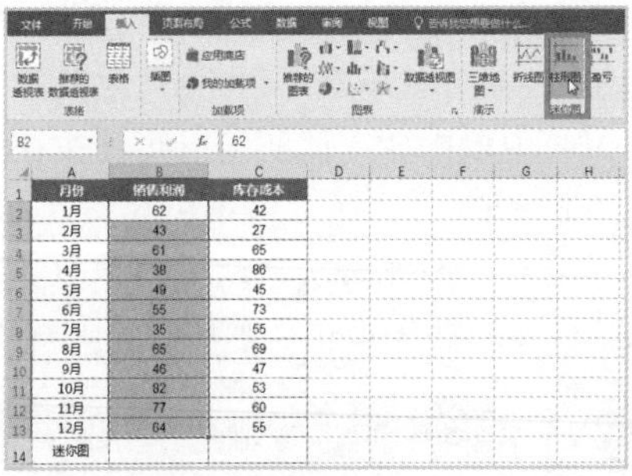

图6-27

Step02： 弹出"创建迷你图"对话框，在"B14"单元格上方单击，将该单元格地址自动输入到"位置范围"文本框中，单击"确定"按钮，如图6-28所示，关闭对话框。

Step03： B14单元格中随机被插入

一个柱形迷你图，如图6-29所示。

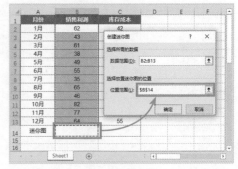

图6-28

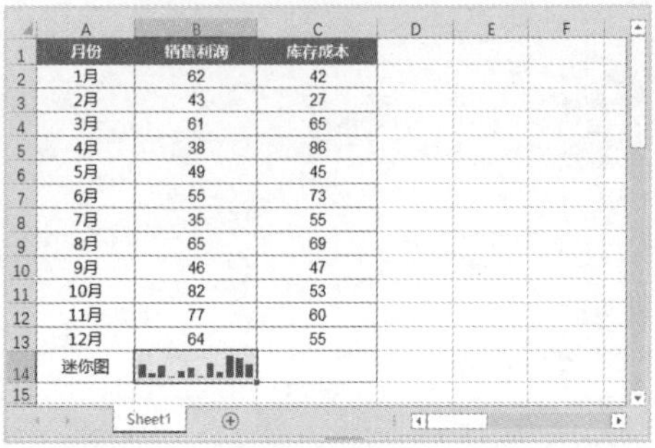

图6-29

Step04： 将光标放在B14单元格右下角，光标变成十字形状时按住鼠标左键，拖动鼠标，将迷你图填充到C14单元格，如图6-30所示。

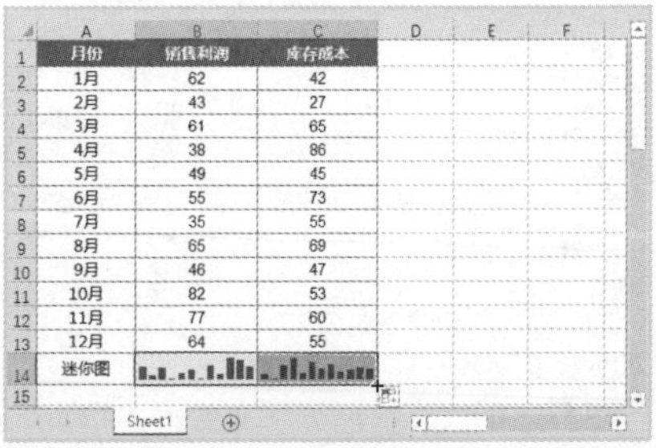

图6-30

Step05： 选中任意一个迷你图，打开"迷你图工具－设计"选项卡，在"样式"列表中单击任意一个样式，即可应用该样式，如图6-31所示。

Step06： 选中任意一个迷你图，在"迷你图工具－设计"组中的"类型"

中单击“折线图”按钮，可将柱形迷你图更改为折线迷你图，如图6-32所示。

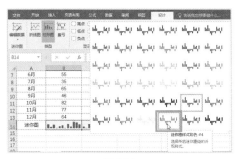

图6-31

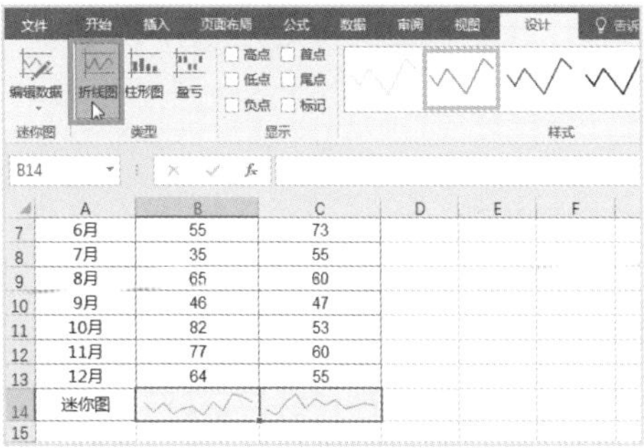

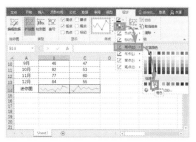

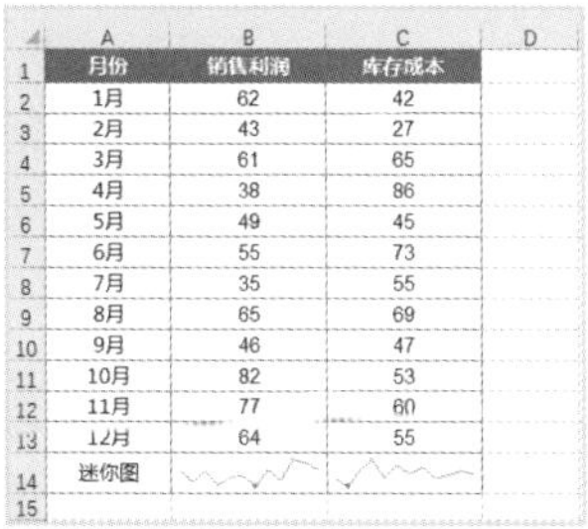

图6-32

Step07：在“迷你图工具－设计”选项卡中勾选“高点”和“低点”复选框，单击“标记颜色”下拉按钮，在下拉列表中选择“高点”选项，在其下级列表中选择“橙色”选项，如图6-33所示。

图6-33

Step08：迷你图设置完成，最终效果如图6-34所示。

	A	B	C	D
1	月份	销售利润	库存成本	
2	1月	62	42	
3	2月	43	27	
4	3月	61	65	
5	4月	38	86	
6	5月	49	45	
7	6月	55	73	
8	7月	35	55	
9	8月	65	69	
10	9月	46	47	
11	10月	82	53	
12	11月	77	60	
13	12月	64	55	
14	迷你图			
15				

图6-34

注意事项 **设置单独迷你图需注意**

设置迷你图效果时总是一组迷你图同时发生变化，若只想设置其中某一个迷你图的效果，需要先取消迷你图的组合。操作方法：在“迷你图工具－设计”选项卡中的“分组”组中单击“取消组合”按钮。

6.2 使用动态图表分析年终库存

使用数据透视表分析公司的库存十分方便快捷，只需简单地拖动几下鼠标就能得到想要的分析结果，而且创建数据透视图还能够直观转换数据透视表中的数据。下面将对数据透视表及数据透视图的应用进行介绍。

6.2.1 使用数据透视表分析数据

数据透视表可以动态地改变版面布置，从而按照不同方式分析数据。下面利用年终库存表创建数据透视表，并分析库存数据。

扫一扫，看视频

Step01：选中数据源中任意一个单元格，打开“插入”选项卡，在“表格”组中单击“数据透视表”按钮，如图6-35所示。

图6-35

Step02：弹出"创建数据透视表"对话框。保持对话框中的选项为默认状态，单击"确定"按钮，如图6-36所示。

图6-36

Step03：工作簿中随即新建一张工作表，并在该工作表中创建一张空白数据透视表，如图6-37所示。

图6-37

Step04：在工作表右侧的"数据透视表字段"窗格中单击"工具"下拉按钮，在下拉列表中选择"字段节和区域节并排"选项，如图6-38所示。

图6-38

🔍 **知识点拨**

恢复数据透视表初始样式
若想让"数据透视表字段"窗格恢复到初始样式，可以再次打开"工具"下拉列表，选择"字段节和区域节层叠"选项。

Step05：在"数据透视表字段"窗格中勾选"商品名称""商品型号""库存金额"复选框。数据透视表中随即显示相应字段，如图6-39所示。

图6-39

Step06：继续在"数据透视表字段"窗格中勾选"入库数量"复选框，向数据透视表中添加该字段，如图6-40所示。

图6-40

Step07：在"数据透视表字段"窗格的"值"区域中单击"求和项：入库数量"选项，在展开的列表中选择"上移"选项。将"入库数量"字段调整至"库存金额"字段的左侧显示，如图6-41所示。

图6-41

Step08：选中数据透视表中的任意一个单元格，打开"数据透视表工具－设计"选项卡，在"布局"组中单击"报表布局"下拉按钮，在下拉列表中选择"以表格形式显示"选项，如图6-42所示。

Step09：数据透视表的布局随即从压缩形式更改为以表示形式显示。最终效果如图6-43所示。

图6-42

图6-43

6.2.2 使用切片器筛选数据

数据透视表和普通数据表一样能够执行筛选，而且还有一个特殊的筛选工具——切片器。下面介绍切片器的使用方法。

扫一扫，看视频

Step01：选中数据透视表中的任意一个单元格，打开"数据透视表工具－分析"选项卡，在"筛选"组中单击"插入切片器"按钮，如图6-44所示。

图6-44

Step02： 弹出"插入切片器"对话框，勾选"商品名称"和"颜色"复选框，单击"确定"按钮，如图6-45所示。

图6-45

Step03： 工作表中随即被插入"商品名称"和"颜色"这两个切片器，如图6-46所示。

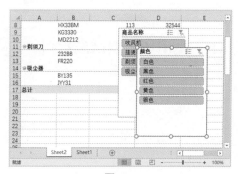

图6-46

Step04： 将光标放在切片器上方，按住鼠标左键，拖动鼠标调整好切片器的位置，如图6-47所示。

图6-47

Step05： 选中切片器后，将光标放在切片器下方的控制点上，光标变成双向箭头时按住鼠标左键，此时光标会变成十字形状，拖动鼠标调整切片器的大小，如图6-48所示。

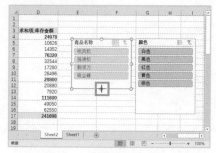

图6-48

Step06： 选中"颜色"切片器，打开"切片器工具–选项"选项卡，打开"切片器样式"列表，选择一个满意的样式，如图6-49所示。

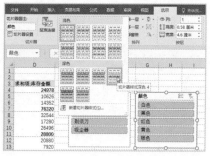

图6-49

Step07： 参照前一个步骤，设置"商品名称"切片器的样式，如图6-50所示。

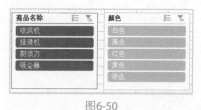

图6-50

Step08： 在"商品名称"切片器中单击"吹风机"按钮。数据透视表中随即筛选出吹风机的数据，如图6-51所示。

图6-51

Step09： 继续在"颜色"切片器中单击"白色"按钮，数据透视表中随即筛选出白色吹风机的数据，如图6-52所示。

图6-52

Step10： 在"颜色"切片器中单击"多选"按钮，此时，在该切片器中即可执行多重筛选。同时选中"白色"和"黑色"两个选项。"商品名称"切片器中的黑色商品（剃须刀）也随即被选中，如图6-53所示。

图6-53

Step11： 单击切片器右上角的"清

除筛选器"按钮，即可清除该切片器中的所有筛选，如图6-54所示。

图6-54

Step12： 选中"颜色"切片器，按【Delete】键将该切片器删除，只保留"商品名称"切片器，如图6-55所示。

图6-55

6.2.3 使用数据透视图分析数据

数据透视图是对数据透视表中的数据最直观的展示形式，下面使用数据透视图分析数据。

扫一扫，看视频

Step01： 选中数据透视表中任意一个单元格，打开"数据透视表工具 – 分析"选项卡，在"显示"组中单击"字段列表"按钮。将"数据透视表字段"窗格显示出来，如图6-56所示。

图6-56

121

Step02： 在"数据透视表字段"窗格中取消"商品名称"等复选框的勾选，勾选"入库日期"复选框，此时"月"复选框会自动被勾选。重新设置数据透视表字段，如图6-57所示。

图6-57

Step03： 切换到"数据透视表工具－设计"选项卡，在"布局"组中单击"报表布局"下拉按钮，选择"以压缩形式显示"选项，如图6-58所示。

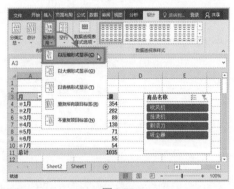

图6-58

Step04： 选中数据透视表中的任意一个单元格，切换到"数据透视表工具－分析"选项卡，在"工具"组中单击"数据透视图"按钮，如图6-59所示。

Step05： 弹出"插入图表"对话框，选择默认的"簇状柱形图"，单击"确定"按钮，如图6-60所示。

图6-59

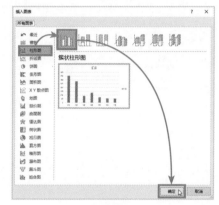

图6-60

Step06： 工作表中随即插入一张数据透视图。修改数据透视图的标题为"商品库存"，如图6-61所示。

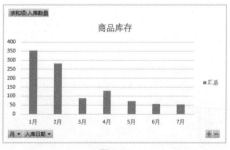

图6-61

Step07： 选中图表，打开"数据透视图工具－设计"选项卡，在"图表样式"列表中选择"样式8"选项，如图6-62所示。

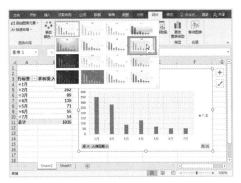

图6-62

Step08：在"商品名称"切片器中选中"吹风机"选项。数据透视图中随即显示所有月份吹风机的库存情况，如图6-63所示。

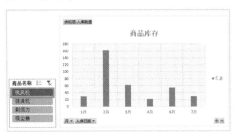

图6-63

Step09：在切片器中单击"多选"按钮，同时选中"挂烫机"和"吸尘器"这两个选项，数据透视图随即显示所有月份中这两种商品的库存情况，如图6-64所示。

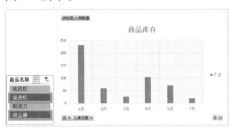

图6-64

Step10：在数据透视图左下角单击"月"下拉按钮，在筛选器中取消全选，只勾选"1月""2月""3月"复选框，如图6-65所示。

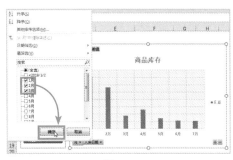

图6-65

Step11：数据透视图中随即筛选出1～3月份的库存数据，如图6-66所示。

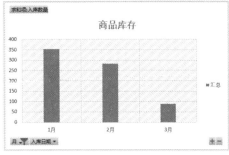

图6-66

Step12：打开"数据透视图字段"窗格，勾选"商品名称"复选框，数据透视图中随即增加"商品名称"筛选按钮，如图6-67所示。

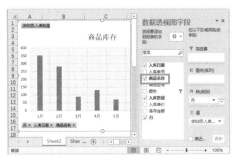

图6-67

Step13：在数据透视图中单击"商品名称"筛选按钮，在筛选器中取消全选，只勾选"剃须刀"复选框，单击"确定"按钮，如图6-68所示。

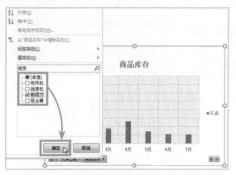

图6-68

Step14： 数据透视图中随即筛选出所有月份剃须刀的库存情况，结果如图6-69所示。

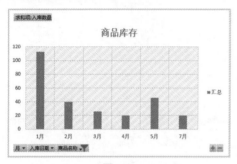

图6-69

Step15： 在数据透视图上方右击，在弹出的菜单中选择"移动图表"选项，如图6-70所示。

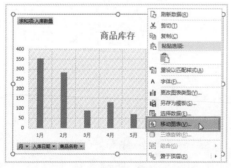

图6-70

Step16： 弹出"移动图表"对话框，保持默认选中的"对象位于"单选按钮，单击右侧的下拉按钮，选择"Sheet1"选项，单击"确定"按钮，

如图6-71所示。

图6-71

Step17： 数据透视图随即被移动到数据源所在的工作表中，如图6-72所示。

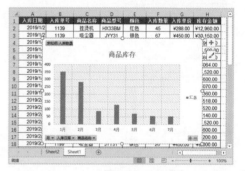

图6-72

Step18： 选中数据透视图，打开"数据透视图工具-设计"选项卡，单击"更改图表类型"按钮，如图6-73所示。

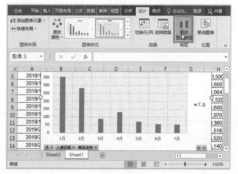

图6-73

Step19： 弹出"更改图表类型"对话框，选择"饼图"选项，选中"圆环图"，单击"确定"按钮，如图6-74所示。

Step20： 柱形数据透视图随即被更

改为圆环形数据透视图。如图6-75所示。

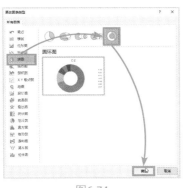

图6-74

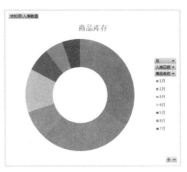

图6-75

拓展练习　　**制作血糖仪销售季报**

　　将每个季度的销售数据统计在Excel报表中，可直接生成图表，智能化反馈不同季度销售情况。本练习将制作一份血糖仪销售季报，并使用动态图表分析各季度销售数据。

Step01： 在工作表中输入血糖仪销售数据。适当设置字体格式，并为表格添加边框，如图6-76所示。

	A	B	C	D	E
1	品牌	第1季度	第2季度	第3季度	第4季度
2	三诺	189600	00850	89780	112300
3	鱼跃	289150	158700	189900	179800
4	欧姆龙	357800	189780	165550	199880
5	强生	177900	138500	156300	144300
6	罗氏	185580	112850	143200	132700
7	爱国者	106600	78600	57500	43200
8	糖护士	123800	158900	197900	153800
9					

图6-76

Step02： 为表格添加底纹效果，适当美化一下表格。效果如图6-77所示。

	A	B	C	D	E
1	品牌	第1季度	第2季度	第3季度	第4季度
2	三诺	¥189,600.00	¥98,850.00	¥89,780.00	¥112,300.00
3	鱼跃	¥289,150.00	¥158,700.00	¥189,900.00	¥179,800.00
4	欧姆龙	¥357,800.00	¥189,780.00	¥165,550.00	¥199,880.00
5	强生	¥177,900.00	¥138,500.00	¥156,300.00	¥144,300.00
6	罗氏	¥185,580.00	¥112,850.00	¥143,200.00	¥132,700.00
7	爱国者	¥106,600.00	¥78,600.00	¥57,500.00	¥43,200.00
8	糖护士	¥123,800.00	¥158,900.00	¥197,900.00	¥153,800.00
9					

图6-77

🔍 知识点拨

设置内置表格样式

在内置的表格格式中为数据表选择合适的样式，可以快速美化表格。该命令按钮保存在"开始"选项卡中的"样式"组内。效果如图6-78所示。

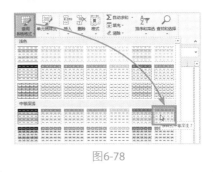

图6-78

Step03： 复制一份表头，设置好边框，选中"品牌"下方的空白单元格，在"数据"选项卡中单击"数据验证"按钮，如图6-79所示。

图6-79

Step04： 在"数据验证"对话框中设置好验证条件。将"允许"设置为"序列"，将"来源"设置为"=＄A＄2：＄A＄8"，如图6-80所示。

Step05： 单击A11单元格右侧的下拉按钮。从下拉列表中选择"三诺"，在B11单元格内输入公式"=VLOOKUP(＄A＄11,＄A＄2:＄E＄8,MATCH(B10,＄A＄1:＄E＄1,0),FALSE)"。随后将该公式填充到C11～E11单元格区域，如图6-81所示。

图6-80

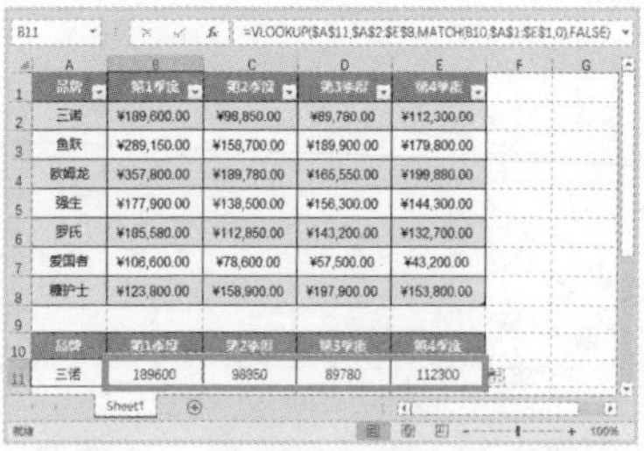

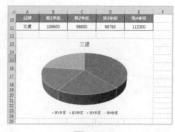

图6-82

Step07： 更改图表颜色为"颜色15"，在图表样式库中选择"样式8"，如图6-83所示。

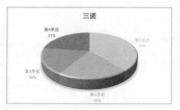

图6-83

Step08： 设置图表的填充效果为"渐变填充"，选择"顶部聚光等-个性色3"的预设渐变效果，如图6-84所示。

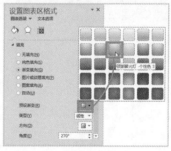

图6-84

Step09： 单击A11单元格右侧的下拉按钮，可选择不同品牌的血糖仪。图表会根据所选品牌即时做出调整，如图6-85所示。

图6-81

Step06： 使用A10～E11单元格区域内的数据创建一个三维饼图，如图6-82所示。

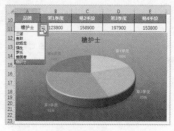

图6-85

职场答疑Q&A

1. Q：如何创建系统推荐的图表？

　　A：在"插入"选项卡中的"图表"组内单击"推荐的图表"按钮。在弹出的对话框中包含很多系统推荐的图表。

2. Q：在Excel中插入图表的快捷键是什么？

　　A：【F11】键可以快速插入图表，但是所插入的图表类型只能是簇状柱形图。

3. Q：如何调整饼图第一扇区的起始角度以及饼图的分离程度？

　　A：双击图表系列，打开"设置数据系列格式"窗格，在"系列选项"界面中设置。

4. Q：如何更改数据透视表的数据源？

　　A：在"数据透视表工具－分析"选项卡中单击"更改数据源"按钮，在弹出的"更改数据透视表数据源"对话框中更改，如图6-86、图6-87所示。

图6-86

图6-87

5. Q：如何更改数据透视表的字段名称？

　　A：选中需要修改名称的字段中的任意一个单元格，在"数据透视表工具－分析"选项卡中的"活动字段"组内直接输入新的字段名称，如图6-88所示。

图6-88

6. Q：如何删除迷你图？

　　A：选中迷你图所在的单元格，在"迷你图工具－设计"选项卡中的"分组"组内单击"清除"按钮。

第**7**章

数据的打印与输出

内容导读

　　Excel中的数据有时需要打印出来存档或提供给同事、领导或者客户查看。在打印之前需要对数据表进行一些设置，才能保证优质的打印效果，例如设置页边距、调整纸张方向、设置打印区域等。

案例效果

打印财务收支明细表

汇总银行卡交易明细单据

7.1 打印财务收支明细表

财务收支表明细表可以反映一定期间内发生的财务费用及其构成情况。利用该表可以分析财务费用的构成及其增减变动情况,考核各项财务费用计划的执行情况。下面将介绍制作及打印财务收支明细表的方法。

7.1.1 制作财务收支明细表

下面将以制作某大学的大学生社会联合会收支明细表为例展开讲解。

扫一扫,看视频

Step01: 空白工作表中输入财务收支明细数据,如图7-1所示。

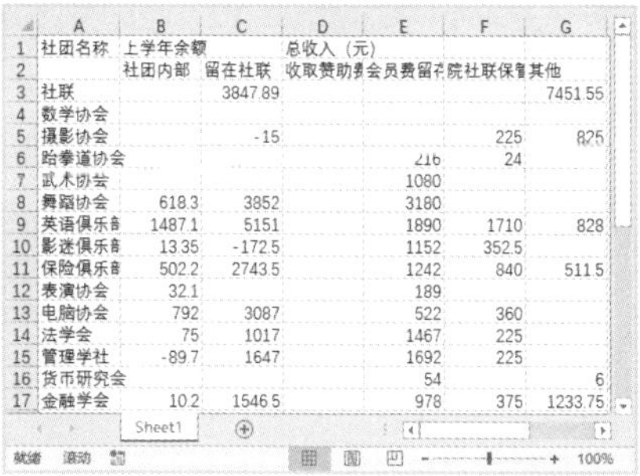

图7-1

Step02: 选中A1～A2单元格区域,在"开始"选项卡中的"对齐方式"组中单击"合并后居中"按钮,如图7-2所示。

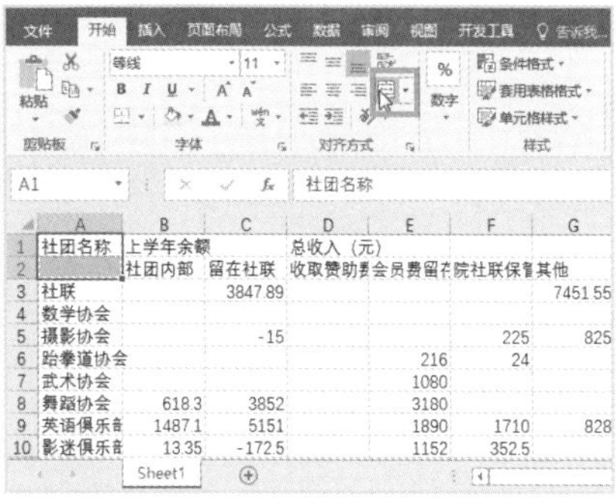

图7-2

Step03: 参照上一步,将表头中其他应该合并的单元格全部合并,如图7-3所示。

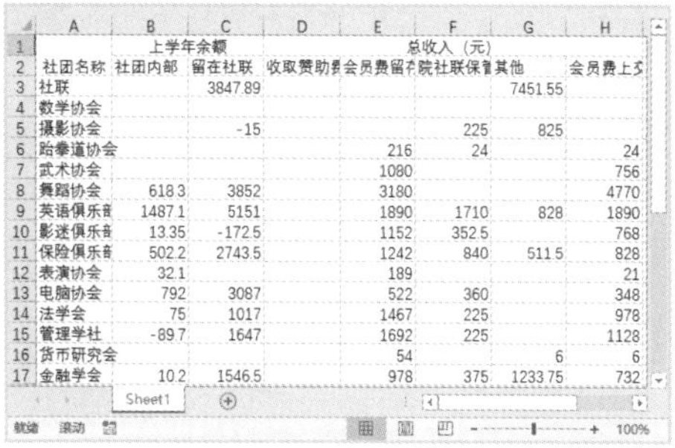

图7-3

Step04: 选中A列,将光标置于A列列表的右侧边线上,光标变成双向箭头时按住鼠标左键并拖动鼠标,调整列宽。随后参照此方法设置其他列的列宽,如图7-4所示。

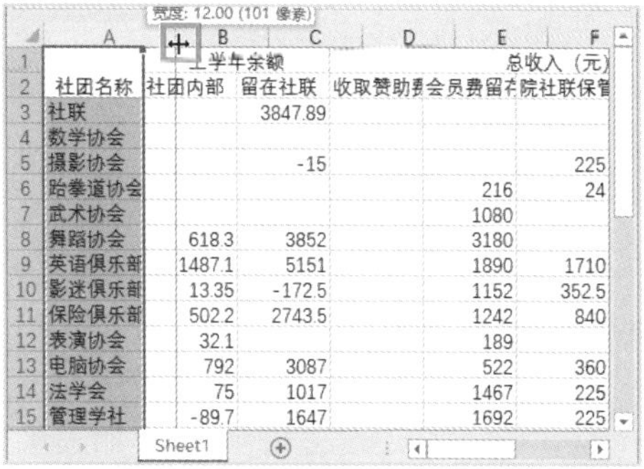

图7-4

Step05: 选中第2行,将光标放在该行号的边线下方,按住鼠标左键,拖动鼠标,调整该行高度,如图7-5所示。

Step06: 保持第2行的选中状态,在"开始"选项卡中的"对齐方式"组中单击"自动换行"按钮,如图7-6所示。

图7-5

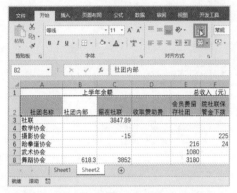

图7-6

Step07: 选中3～31行,将光标放在最后一个选中的行号下方边线上,按住鼠标左键,拖动鼠标调整多行的高度,如图7-7所示。

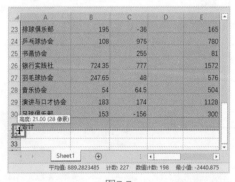

图7-7

Step08: 选中整个数据表,在"开始"选项卡中的"对齐方式"组中将"居中"和"垂直居中"按钮全部选中,如图7-8所示。

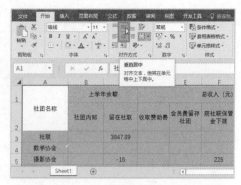

图7-8

Step09: 选中1～2行,在"开始"选项卡中的"字体"组中单击"加粗"按钮,如图7-9所示。

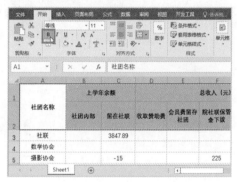

图7-9

Step10: 选中B3～K30单元格区域,按【Ctrl+G】组合键,打开"定位"对话框。单击"定位条件"按钮,如图7-10所示。

图7-10

🔍 知识点拨

使用功能区的命令操作

用户也可通过选项卡中的命令按钮打开"定位条件"对话框。操作方法为：在"开始"选项卡中的"编辑"组内单击"查找和选择"下拉按钮，在下拉列表中选择"定位条件"选项。

Step11： 打开"定位条件"对话框，选中"空值"单选按钮，单击"确定"按钮，如图7-11所示。

图7-11

Step12： 所选区域中的所有空白单元格随即全部被选中。将光标定位在编辑栏中，输入"0"，如图7-12所示。

图7-12

Step13： 按下【Ctrl+Enter】组合键，所有选中的空白单元格中随即全部被输入了"0"，如图7-13所示。

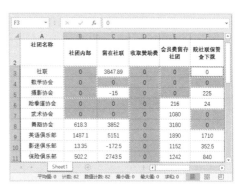

图7-13

Step14： 选中数据表中的任意一个单元格，再次打开"定位条件"对话框，选中"常量"单选按钮，取消"数字""逻辑值"及"错误"复选框的勾选，只勾选"文本"复选框。单击"确定"按钮，如图7-14所示。

图7-14

Step15： 数据表中的所有文本内容随即被全部选中。设置其字体为"微软雅黑"，如图7-15所示。

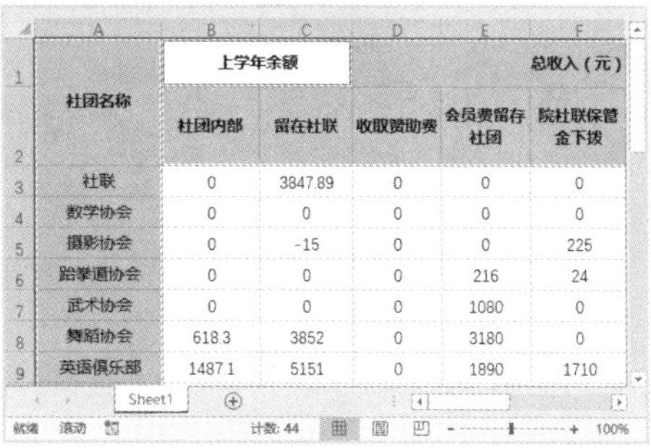

图7-15

Step16： 将所有包含数字的单元格全部选中，在"开始"选项卡中的"数字"组内单击"数字格式"下拉按钮，选择"货币"选项，如图7-16所示。

图7-16

Step17： 选中表头，设置填充颜色为"蓝色，个性色5"，字体颜色为"白色，背景1"，如图7-17所示。

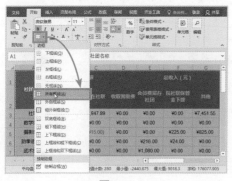

图7-17

Step18： 选中A1～K31单元格区域，在"开始"选项卡中的"字体"组中单击框线下拉按钮，从列表中选择"所有框线"选项，如图7-18所示。

图7-18

Step19： 选中B31单元格，打开"公式"选项卡，在"函数库"组中单击"自动求和"按钮，如图7-19所示。

图7-19

Step20： 按【Enter】键计算出结果后再次选中B31单元格，拖动该单元格右下角的填充控制柄，将公式填充到C31～K31单元格区域，如图7-20所示。

图7-20

Step21： 完成财务收支表的制作，效果如图7-21所示。

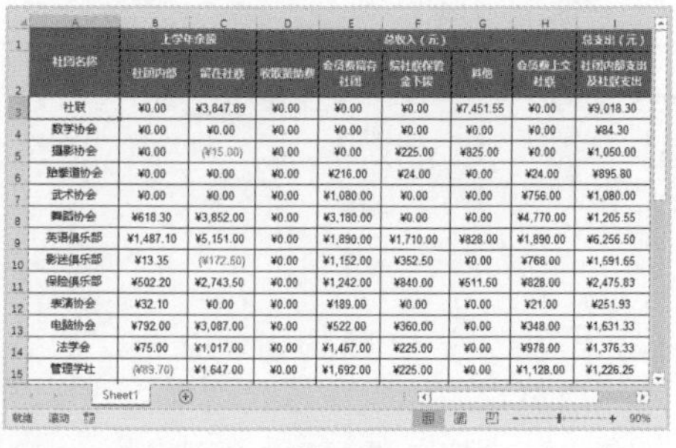

图7-21

7.1.2 打印财务收支明细表

财务收支明细表制作完成后可能需要打印出来存档或供领导查看。下面介绍如何打印该报表。

扫一扫，看视频

Step01： 在功能区单击"文件"按钮，打开"文件"菜单，如图7-22所示。

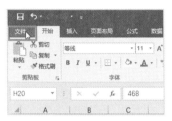

图7-22

Step02： 切换到"打印"界面，此时，在界面的右侧可以预览到当前的打印效果，如图7-23所示。

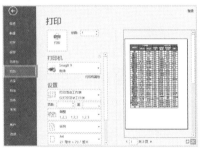

图7-23

Step03： 单击"纵向"按钮，在列表中选择"横向"选项，将纸张方向调整成横向，如图7-24所示。

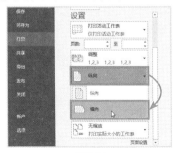

图7-24

Step04： 此时需要在第二页中打印的内容没有办法显示标题。切换回工作界面，打开"页面布局"选项卡，在"页面设置"组中单击"打印标题"按钮，如图7-25所示。

图7-25

Step05： 打开"页面设置"对话框，在"工作表"选项卡中设置"顶端标题行"为"$1:$2"，单击"确定"按钮，如图7-26所示。

图7-26

Step06： 此时在预览区可以看到，不管要打印的内容有几页，每页都会显示标题行，如图7-27所示。

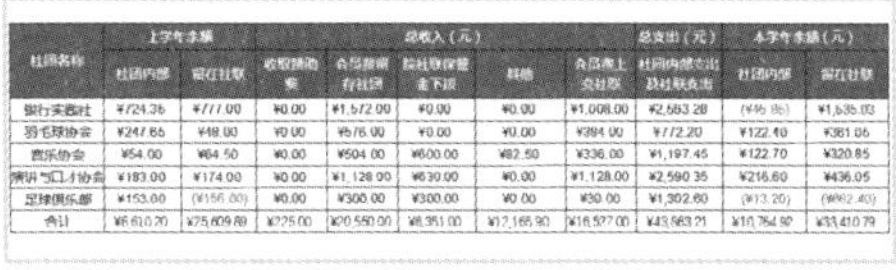

图7-27

Step07：若想将所有内容打印在一页上，可在"打印"界面中单击"无缩放"选项，选择"将工作表调整为一页"选项，如图7-28所示。

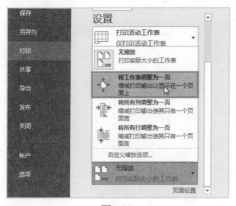

图7-28

Step08：此时所数据表被缩放到了一页中打印，但是此时表格没有居中显示，如图7-29所示。

图7-29

Step09：在"打印"界面中单击"页面设置"按钮，如图7-30所示。

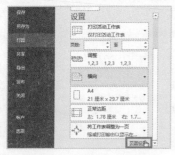

图7-30

Step10：打开"页面设置"对话框，切换到"页边距"选项卡。勾选"水平"和"垂直"复选框，单击"确定"按钮，即可将表格居中打印，如图7-31所示。

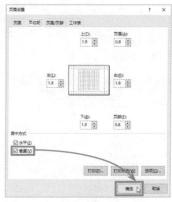

图7-31

Step11：若想只打印某个指定的区域，可将该区域选中，打开"页面布局"选项卡，在"页面设置"组中单击"打印区域"下拉按钮，选择"设置打印区域"即可，如图7-32所示。

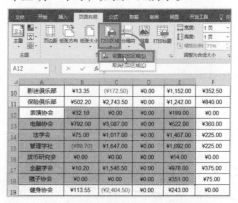

图7-32

🔍 知识点拨

取消打印区域

取消打印区域的方法也十分简单，只要再次单击"打印区域"下拉按钮，从列表中选择"取消打印区域"即可。

7.2 导出银行卡交易明细单据

银行卡交易明细数据导出后可用于账目核对、报销依据、财务支出证明等，下面介绍如何将制作好的交易金额数据导出。

7.2.1 制作银行卡交易单据

如果导出的银行交易数据不在Excel中可以先将其导入Excel再做其他处理。下面以从文本文件中导入数据为例进行介绍。

扫一扫，看视频

Step01： 打开一份空白工作表，选中A1单元格。切换到"数据"选项卡，在"获取和转换数据"组中单击"从文本/CSV"按钮，如图7-33所示。

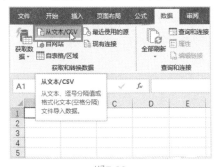

图7-33

Step02： 打开"导入文本文件"对话框，选中"银行卡交易单据"文本文件，单击"导入"按钮，如图7-34所示。

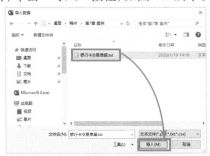

图7-34

Step03： 在打开的对话框中单击"加载"按钮，如图7-35所示。

图7-35

Step04： 文本文件中的数据随即被导入到Excel中，关闭"查询&连接"窗格，如图7-36所示。

图7-36

Step05： 在"表格工具 – 设计"选项卡中打开"表格样式"列表，选择"清除"选项，如图7-37所示。

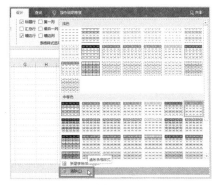

图7-37

Step06： 在"表格工具–设计"选项卡中的"工具"组内单击"转换为区域"按钮。将表格转换成普通数据表，如图7-38所示。

图7-38

Step07： 文本文件中的内容即可导入Excel工作表中，适当地美化一下表格，如图7-39所示。

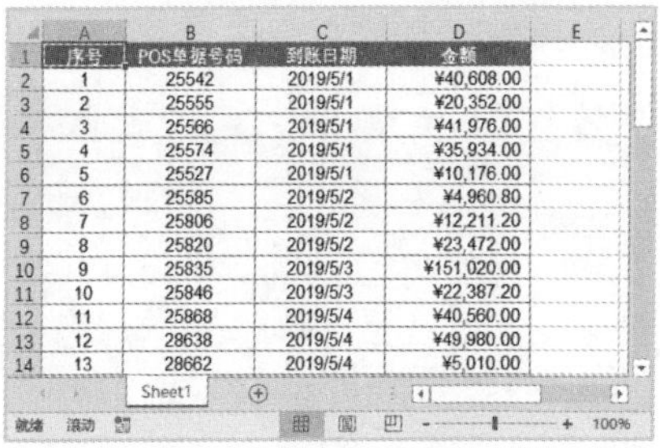

图7-39

Step08： 先对"到账日期"进行"升序"排序。随后选中任意一个包含数据的单元格，打开"数据"选项卡，在"分级显示"组中单击"分类汇总"按钮，如图7-40所示。

图7-40

Step09： 打开"分类汇总"对话框，设置分类字段为"到账日期"，汇总方式为"求和"选定汇总项为"金额"，单击"确定"按钮，如图7-41所示。

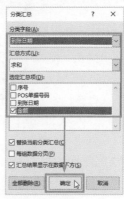

图7-41

Step10： 表格中的数据随即按照到账日期进行分类，对金额进行汇总，如图7-42所示。

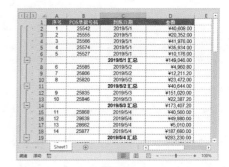

图7-42

7.2.2 将汇总数据导出为PDF格式

扫一扫，看视频

每日的到账金额形成了汇总数据后可以将其导出为PDF格式的文件，以作其他用途。

Step01： 在工作表的左上角单击数字"2"图标，显示出汇总数据。选中到账日期和金额两列中的数据。单击"文件"按钮，如图7-43所示。

	A	B	C	D
1	序号	POS单据号码	到账日期	金额
7			2019/5/1 汇总	¥149,046.00
11			2019/5/2 汇总	¥40,644.00
14			2019/5/3 汇总	¥173,407.20
19			2019/5/4 汇总	¥283,230.00
25			2019/5/5 汇总	¥94,782.00
28			2019/5/6 汇总	¥54,000.00
35			2019/5/7 汇总	¥175,860.00
38			2019/5/8 汇总	¥232,428.00
42			2019/5/9 汇总	¥160,224.00
46			2019/5/10 汇总	¥51,108.00
50			2019/5/11 汇总	¥42,312.00
53			2019/5/12 汇总	¥45,252.00
57			2019/5/13 汇总	¥260,856.00
61			2019/5/14 汇总	¥88,224.00
66			2019/5/15 汇总	¥36,648.00
67			总计	¥1,888,021.20

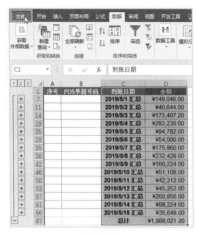

图7-43

Step02：在“文件”菜单中打开“导出”界面，选择“创建PDF/XPS文档”选项，单击“创建PDF/XPS”按钮，如图7-44所示。

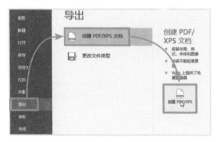

图7-44

Step03：打开“发布为PDF或XPS”对话框，选择好文件的保存位置，设置好文件名称，单击“选项”按钮，如图7-45所示。

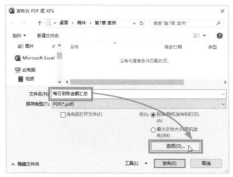

图7-45

Step04：打开“选项”对话框，在“发布内容”组中选中“所选内容”单选按钮，单击“确定”按钮，如图7-46所示。

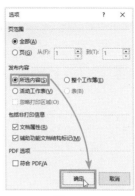

图7-46

Step05：返回到“发布为PDF或XPS”对话框，单击“发布”按钮，如图4-47所示。

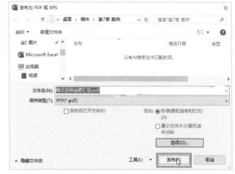

图7-47

Step06：发布完成后找到文件保存的位置，双击PDF文件即可打开文件查看发布的内容，如图7-48所示。

到账日期	金额
2019/5/1 汇总	¥149,046.00
2019/5/2 汇总	¥40,644.00
2019/5/3 汇总	¥173,407.20
2019/5/4 汇总	¥283,230.00
2019/5/5 汇总	¥94,782.00
2019/5/6 汇总	¥54,000.00
2019/5/7 汇总	¥175,860.00
2019/5/8 汇总	¥232,428.00
2019/5/9 汇总	¥160,224.00
2019/5/10 汇总	¥51,108.00
2019/5/11 汇总	¥42,312.00
2019/5/12 汇总	¥45,252.00
2019/5/13 汇总	¥260,856.00
2019/5/14 汇总	¥88,224.00
2019/5/15 汇总	¥36,648.00
总计	¥1,888,021.20

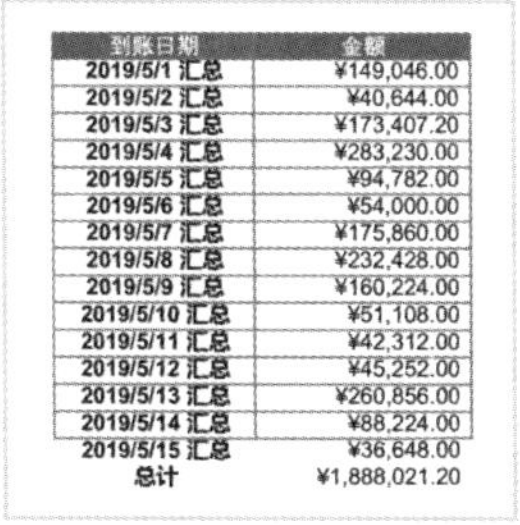

图7-48

制作零食销售统计表

在制作零食销售统计表的过程中会用到数据验证、公式、图表、报表打印等技巧。以下是操作步骤。

Step01： 设置好表格样式，输入标题内容。选中品牌列中的所有单元格。如图7-49所示。

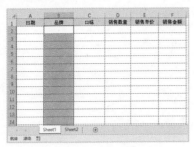

图7-49

Step02： 使用"数据验证"功能为所选单元格创建下拉列表。通过下拉列表输入品牌内容，如图7-50所示。

图7-50

Step03： 继续手动录入其他销售数据。随后使用公式计算出第一个销售金额，再向下填充公式，计算出所有销售金额，如图7-51所示。

图7-51

Step04： 在销售数据表的右侧创建一个品牌销量统计表，如图7-52所示。

图7-52

Step05： 输入公式"=SUMIF(\$B\$2:\$F\$25,H2,\$F\$2:\$F\$25)"计算出第一个品牌的总销售金额，随后向下填充公式，计算出其他品牌的总销售金额，如图7-53所示。

图7-53

Step06： 使用三个品牌的总销售额作为数据源创建一个三维饼图，修改一下图表的标题，如图7-54所示。

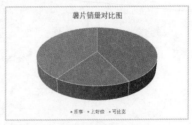

图7-54

Step07：更改图表的颜色和图表区的填充色，添加数据标签，在数据标签中显示类别名称和百分比值，并将数据标签设置为白色，如图7-55所示。

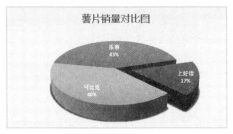

图7-55

Step08：选中图表，在"文件"菜单中的"打印"界面中即可预览到图表的效果。此时，只会打印图表，不会打印表格中的其他数据，如图7-56所示。

图7-56

🔍 **知识点拨**

打印黑白效果

用户可将图表打印成黑白效果。操作方法：在"打印"界面中单击"页面设置"按钮，在打开的对话框中勾选"按黑白方式"复选框即可。如图7-57所示。

图7-57

Step09：双击图表区，在"设置图表区格式"窗格中的"大小与属性"选项卡中取消"打印对象"复选框的勾选。取消图表的选中后图表将不会被打印，如图7-58所示。

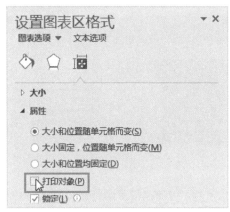

图7-58

Step10：在打印界面中设置"将所有列调整为一页"，工作表中所有包含内容的列都会被打印出来，如图7-59所示。

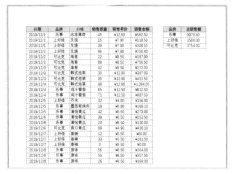

图7-59

职场答疑Q&A

1. Q：打印报表的时候如何一次打印出多份？

A： 非常简单，在"文件"菜单中的"打印"界面内设置自己想要的打印份数就可以了，如图7-60所示。

图7-60

2. Q：如何在报表中打印公司LOGO？

A： 可以将LOGO添加到页眉中进行打印。操作方法：打开"页面设置"对话框，在"页眉/页脚"选项卡中单击"自定义页眉"按钮，如图7-61所示。随后会弹出一个"页眉"对话框，将光标定位在LOGO显示的位置（有左、中、右三种选择），单击"插入图片"按钮，将LOGO图片插入到"页眉"对话框中，可以通过单击"设置图片格式"按钮，适当设置一下LOGO的大小。最后单击"确定"即可将LOGO添加到页眉中，如图7-62所示。

图7-61

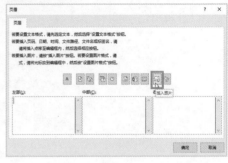

图7-62

3. Q：打印报表时能不能从我想要的位置开始分页？

A： 可以。在工作表中选中想要开始分页的行中的任意一个单元格，在"页面布局"选项卡中的"页面设置"组中单击"分隔符"下拉按钮，选择"插入分页符"选项即可，如图7-63所示。

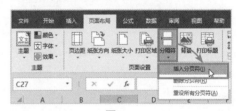

图7-63

PPT 篇

PowerPoint软件不仅可以制作出各种类型的演示文稿，还能够对制作好的演示文稿进行放映，其应用领域包含企业宣传、工作报告、技能培训、教学课件等。为了使读者能够更好地掌握PowerPoint软件的应用技能，下面将对PowerPoint幻灯片的制作以及应用进行详细的介绍。

第 **8** 章
幻灯片上手准备

内容导读

在制作演示文稿前，需要先了解下PowerPoint的基本操作和常用的功能。本章将以案例的形式介绍演示文稿的一些基本制作方法，其中包括幻灯片的新建、复制、删除；图片的插入与美化；图表、表格的制作以及母版功能的应用等。学习完本章后，相信用户可以轻松地制作出一份完整的演示文稿。

案例效果

2019年度工作报告

销售部：陈星

制作工作报告文稿

制作企业推介文稿

8.1 制作工作总结报告

每年年终，大家都会将这一年以来的工作进行总结，并以PPT的方式进行汇报和展示。下面将以制作工作报告为例，介绍PPT制作的一些必要操作。

8.1.1 创建演示文稿

演示文稿的创建方法有很多种，除了使用新建、打开等方式外，用户还可以使用Microsoft提供的模版进行创建。

Step01： 在桌面上单击"开始"按钮，在弹出的开始菜单中，选择Power Point的图标，单击该图标，打开软件，如图8-1所示。

图8-1

Step02： 在打开的模板界面中，选择一个满意的模板，如图8-2所示。

图8-2

Step03： 在打开的模板预览界面中，可以查看到该模板的具体信息，其中包含版式、配色等，单击"创建"按钮，如图8-3所示。

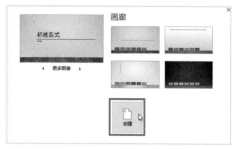

图8-3

Step04： 稍等片刻，系统会自动下载并打开该模板，如图8-4所示，完成演示文稿的创建操作。

图8-4

🔍 **知识点拨**

演示文稿多种创建方法

除了以上方法外，用户也可以在桌面上单击鼠标右键，在"新建"选项卡中，新建演示文稿；或者通过双击桌面的PowerPoint图标进行演示文稿的新建操作。

8.1.2 幻灯片的基本操作

演示文稿创建完成后，下面将介绍演示文稿的基本操作，其中包括新建、移动、复制、删除幻灯片，保存演示文稿。

扫一扫，看视频

Step01： 将鼠标移动到左侧导航窗格的空白处，单击鼠标右键，选择"新建幻灯片"选项，即可插入新幻灯片，如图8-5所示。

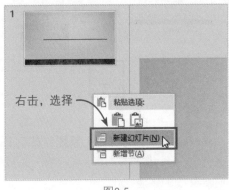

图8-5

🔍 知识点拨

插入幻灯片的快捷方法

除以上插入幻灯片操作外，用户还可以使用【Enter】键插入新幻灯片。选中所需幻灯片，按键盘上的【Enter】键后，即可在该幻灯片下方插入相同的幻灯片。

Step02： 按照该方法创建多个幻灯片。选中第2张幻灯片，单击鼠标右键，选择"版式"选项，并在级联菜单中选择所需幻灯片的版式，如图8-6所示。

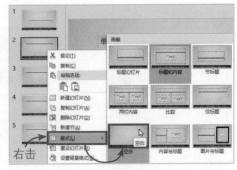

图8-6

Step03： 如果想要调整幻灯片的顺序，可先选择所需幻灯片，利用鼠标拖拽的方法，将该幻灯片拖至目标位置处，放开鼠标即可，如图8-7所示。

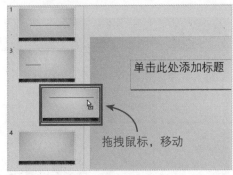

图8-7

Step04： 如果需要复制幻灯片，选中所需幻灯片，单击鼠标右键，选择"复制幻灯片"选项，如图8-8所示。此时在该幻灯片下方，会自动粘贴该幻灯片。用户可以将其移动到合适的位置，或者直接编辑。

图8-8

Step05： 在所需幻灯片上单击鼠标右键，选择"删除幻灯片"选项，如图8-9所示，删除一张幻灯片。

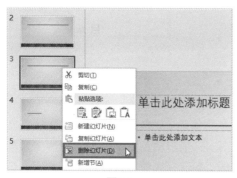

图8-9

> **🔍 知识点拨**
>
> **快速删除幻灯片**
>
> 除了上述方法外，还可以选择一张或者多张幻灯片，然后按键盘上的【Delete】键进行删除操作。

Step06： 演示文稿完成后，单击"保存"按钮，如图8-10所示，或者使用【Ctrl+S】组合键进行保存，如图8-11所示。

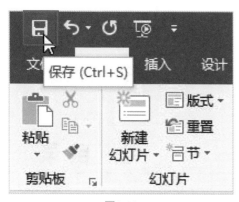

图8-10

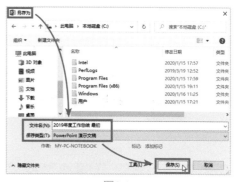

图8-11

8.1.3 输入并编辑内容

演示文稿创建好后，下面就开始制作报告内容了。

扫一扫，看视频

（1）更改默认主题字体

如果对当前模板的字体样式不够满意，用户可对其进行更改。

在"设计"选项卡的"变体"选项组中，单击"更多"下拉按钮，在"字体"选项组中，选择合适的字体样式，如图8-12所示，完成默认字体的更改。

图8-12

（2）制作报告封面

删除其他不需要的幻灯片，保留默认的第一页幻灯片。

Step01： 在该页面中，单击文本框，输入标题内容，并将其设为居中、加粗显示，如图8-13所示。

图8-13

Step02： 输入副标题内容，将字体设置为24号，并居中显示，如图8-14所示。

图8-14

（3）制作目录页

目录页的制作方法与标题页相似，具体操作如下。

Step01： 新建幻灯片，并将版式设置为"仅标题"版式，如图8-15所示。

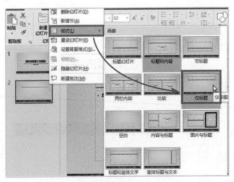

图8-15

Step02： 在该幻灯片中输入目录标题，设置为居中显示，并将其字号设为40号，加粗显示，如图8-16所示。

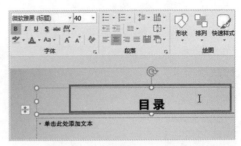

图8-16

Step03： 选中标题下方的文本框，将其删除。在"插入"选项卡的"插图"选项组中，单击"形状"按钮，选择"矩形"选项，如图8-17所示。

> 🔍 **知识点拨**
>
> **【Delete】在Office软件中的使用**
> 删除元素对象时，一般使用【Delete】键要比使用鼠标右键，或者功能区的删除方便得多。

图8-17

Step04： 使用鼠标拖拽的方式绘制出大小合适的矩形，如图8-18所示。

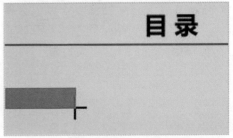

图8-18

Step05: 双击矩形,输入文字"01",并加粗显示。绘制完成后,可以使用鼠标来调整图形的大小和位置,如图8-19所示。

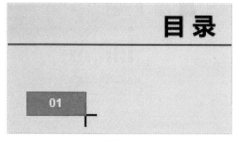

图8-19

Step06: 在"插入"选项卡的"文本"选项组中,单击"文本框"下拉按钮,选择"绘制横排文本框"选项,如图8-20所示。

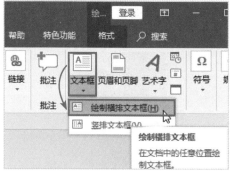

图8-20

Step07: 利用鼠标拖拽的方法,绘制文本框,如图8-21所示。

图8-21

Step08: 在文本框中,输入目录内容,设置字号为"24",加粗显示,并设置字体颜色为灰色,如图8-22所示。

图8-22

Step09: 使用鼠标框选的方式,选中形状和文本框,按住【Ctrl】键进行复制,如图8-23所示。

图8-23

注意事项 批量选择并取消多个元素

按住【Ctrl】键,当鼠标指针右上角出现"+"号时,可批量选择多个元素。在同时选了多个元素的情况下,也可以通过按住【Ctrl】键,单击任意一个选中的元素,即可取消该元素的选择。

Step10: 对复制后的文本内容进行修改。使用相同方法完成其他内容,效果如图8-24所示。

图8-24

（4）制作其他页面

下面按照目录内容顺序，讲解其他页面内容的制作方法。

Step01：新建幻灯片，并将版式设置为"空白"。单击"形状"下拉按钮，选择矩形，并绘制如图8-25所示的两个矩形。

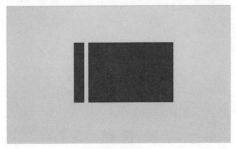

图8-25

Step02：同时，再绘制一个矩形，大小和位置如图8-26所示。

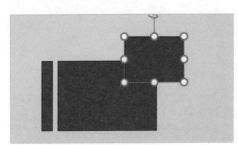

图8-26

Step03：选中右上角矩形，在"格式"选项卡的"形状样式"选项组中，单击"形状填充"下拉按钮，选择"白色"进行填充，如图8-27所示。

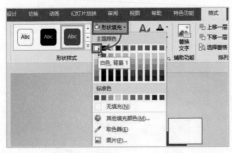

图8-27

Step04：单击"形状轮廓"下拉按钮中，选择"无轮廓"选项，如图8-28所示。

图8-28

Step05：双击白色矩形，输入"01"文字内容，并将其字体设为"微软雅黑（标题）"，字号为32，加粗、倾斜显示，同时将其颜色设为红色，效果如图8-29所示。

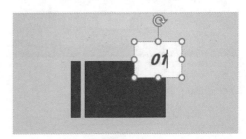

图8-29

Step06：绘制文本框，并输入文字"工作回顾"文本内容。将其字体设为"微软雅黑（标题）"，字号为54号，加粗显示。在其后插入一个装饰性的矩形，调整后效果如图8-30所示。

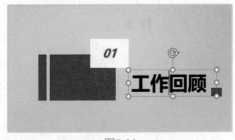

图8-30

Step07：新建一个幻灯片，版式使用"标题和内容"并输入文字。正文设置为"黑体"，字号为"18"，颜色为"灰色"。单击"段落"选项组右侧箭头按钮，在"段落"对话框中，将"行距"设为1.5倍，如图8-31所示。完成后的整体效果如图8-32所示。

图8-31

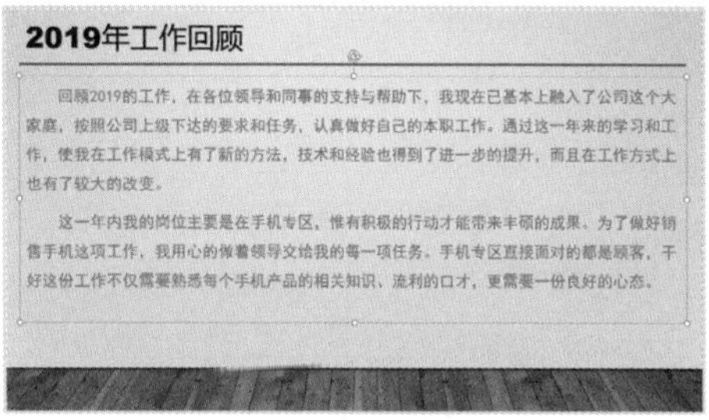

图8-32

Step08：复制第4页幻灯片，并修改正文内容，如图8-33所示。

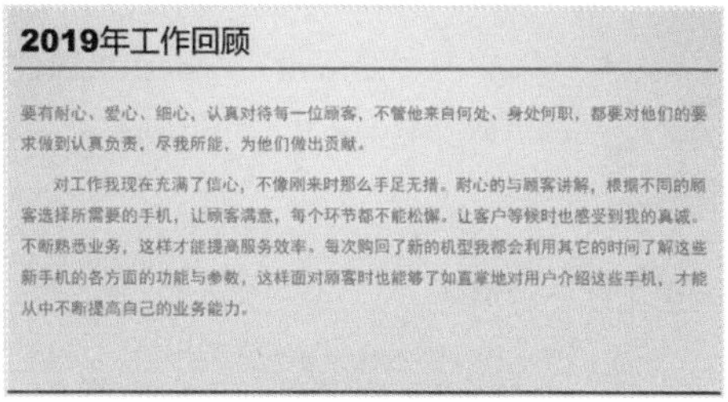

图8-33

Step09：选择第3页幻灯片，使用【Ctrl+C】和【Ctrl+V】组合键进行复制、粘贴，然后修改复制后的文本内容，完成第6页幻灯片的制作，如图8-34所示。

图8-34

Step10：复制第4页幻灯片，并对其标题内容进行修改，如图8-35所示。

任务完成情况

图8-35

Step11：使用"形状"功能，结合【Shift】键，绘制正圆形，将其圆形填充为红色，如图8-36所示。

图8-36

Step12：单击"形状轮廓"下拉按钮，将轮廓设为白色，如图8-37所示。

149

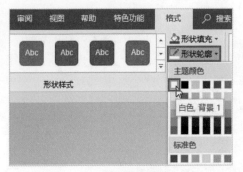

图8-37

Step13： 在"形状轮廓"下拉列表中，选择"粗细"选项，并在其级联菜单中选择"6磅"，完成轮廓粗细样式的设置操作，如图8-38所示。

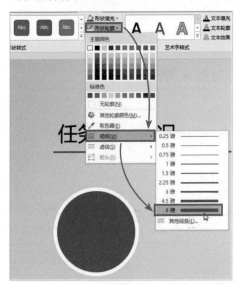

图8-38

Step14： 双击圆形，输入文本内容，如图8-39所示。

图8-39

Step15： 使用复制功能，将该图形复制2个并进行排列，修改图形中的内容，如图8-40所示。

图8-40

Step16： 使用横排文本框，在圆形下方输入相对应的文本内容，并设置好其字体格式，如图8-41所示。

图8-41

Step17： 复制第6页幻灯片，并修改其幻灯片内容，完成第8页幻灯片的制作操作，如图8-42所示。

图8-42

Step18： 按照Step07、Step08的制作方法，完成第9页幻灯片的制作，如图8-43所示。

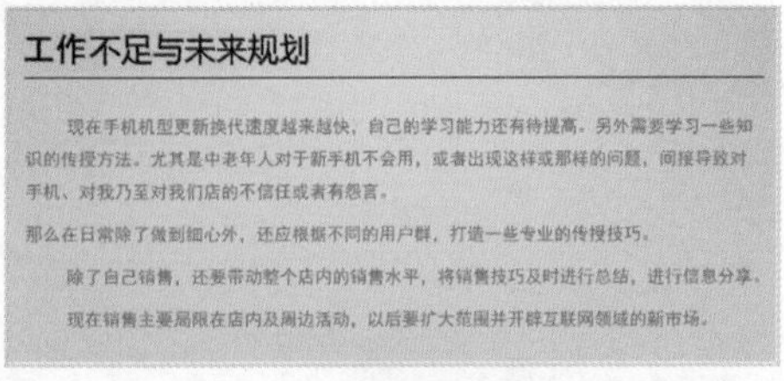

工作不足与未来规划

现在手机机型更新换代速度越来越快，自己的学习能力还有待提高。另外需要学习一些知识的传授方法。尤其是中老年人对于新手机不会用，或者出现这样那样的问题，网搜寻指导对手机、对我乃至对我们店的不信任或者有意言。

那么在日常除了做到细心外，还应根据不同的用户群，打造一些专业的传授技巧。

除了自己销售，还要带动整个店内的销售水平，将销售技巧及时进行总结，进行信息分享。

现在销售主要局限在店内及周边活动，以后要扩大范围并并辩互联网领域的新市场。

图8-43

Step19： 重复Step17、Step18的操作，制作"2020年工作展望"内容页，结果如图8-44所示。

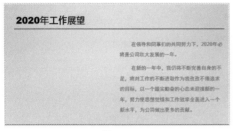

图8-44

Step20： 复制封面页至结尾页，修改标题和副标题内容，并设置好其字体格式，结果如图8-45所示。

图8-45

8.1.4 插入并美化图片

演示文稿的主要优势就是直观、视觉冲击力强。而图片正是这一优势主要的载体。下面将介绍图片的插入及美化操作。

扫一扫，看视频

Step01： 选中所需幻灯片，在"插入"选项卡的"图像"选项组中，单击"图片"按钮，如图8-46所示。

图8-46

Step02： 在"插入图片"对话框中，选中需要插入的图片，单击"插入"按钮，如图8-47所示。

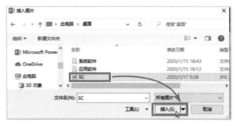

图8-47

Step03： 选中插入的图片，并将光标移至图片任意一个控制点上，使用鼠标拖拽的方法，可以调整图片的大小，将其移动至页面合适位置，效果如图8-48所示。

图8-48

Step04： 此时图片偏暗，用户可以对其进行调整。选中图片，单击鼠标右键，选择"设置图片格式"选项，如图8-49所示。

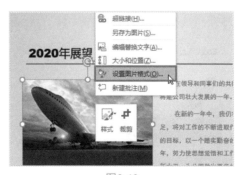

图8-49

Step05：在"设置图片格式"窗格中选择"图片"选项卡，在"图片校正"选项组中，将"亮度"设为"20%"，如图8-50所示。

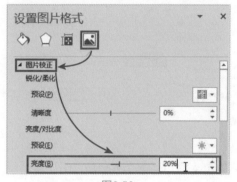

图8-50

Step06：将图片保持选中状态，在"格式"选项卡的"图片样式"选项组中，单击"其他"下拉按钮，从中选择一个满意的样式，如图8-51所示。

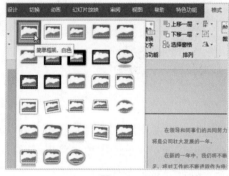

图8-51

Step07：选择完成后，被选中的图片样式已发生了变化，如图8-52所示。

图8-52

知识点拨

图片美化的其他功能

在"格式"选项卡的功能区中，用户可通过"调整"选项组中的"校正""颜色"和"艺术效果"这3项功能，分别对图片的亮度和对比度、饱和度和色调以及图片特色效果进行设置。

8.1.5 添加并编辑SmartArt图形

SmartArt图形可以更加直观地表现出所需的结构和层次。下面介绍该图形的创建方法。

扫一扫，看视频

Step01：复制第7页幻灯片，并将其粘贴至第8页幻灯片下方。修改好标题内容。在"插入"选项卡的"插图"选项组中，单击"SmartArt"按钮，如图8-53所示。

图8-53

Step02：在"选择SmartArt图形"对话框中，选择"分段流程"图形，单击"确定"按钮，插入图形，如图8-54所示。

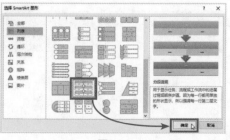

图8-54

Step03： 通过图形四周的控制角点来调整流程图大小。调整好后，单击流程图中的"文本"字样，输入文本内容，并设置好其字体格式，结果如图8-55所示。

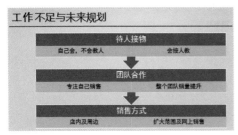

图8-55

注意事项 添加关系图形

如果当前的图形数量无法满足用户的需求，可以在"SmartArt工具-设计"选项卡的"创建图形"选项组中，单击"添加形状"下拉按钮，来添加图形数量。

Step04： 在"SmartArt工具-设计"选项卡中，单击"SmartArt"样式选项组的"更多"按钮，选择"强烈效果"选项，如图8-56所示。

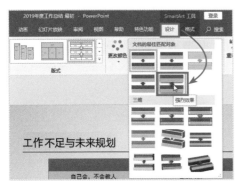

图8-56

Step05： 此时流程图样式已经发生了变化，如图8-57所示。

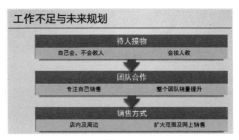

图8-57

知识点拨

重置图形

如果用户对当前流程图样式不满意可以通过"重置"选项组的"重设图形"命令，将流程图恢复至原始状态。

8.1.6 插入并编辑表格及图表

表格和图表并非只能在Excel及Word中使用，在PowerPoint中，同样可以插入使用。

扫一扫，看视频

（1）插入并编辑表格

表格的插入和Word的方法类似，具体操作如下。

Step01： 复制第7张幻灯片至其下方，修改标题内容，并删除所有形状及文字内容，如图8-58所示。

图8-58

Step02： 在"插入"选项卡的"表格"选项组中，单击"表格"下拉按钮，移动鼠标，绘制出7×3大小的表格，如图8-59所示。

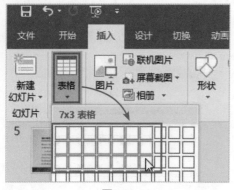

图8-59

Step03：通过控制角点调整表格大小，移动到合适位置，如图8-60所示。

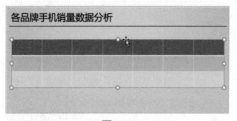

图8-60

Step04：输入表格内容。全选表格，在"表格工具-布局"选项卡"对齐方式"选项组中，单击"居中"和"垂直居中"按钮，完成居中操作，效果如图8-61所示。

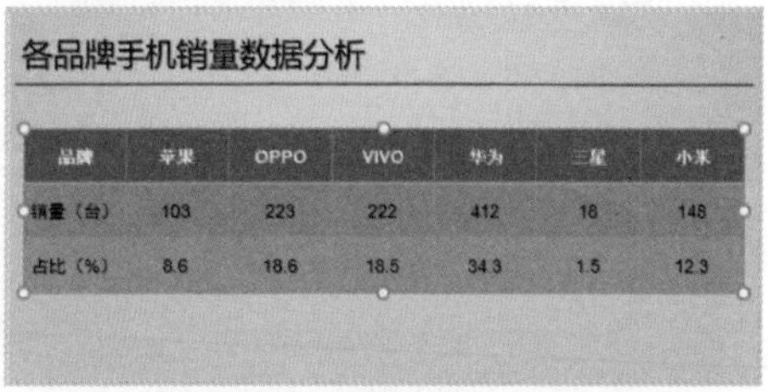

图8-61

Step05：在"表格工具-设计"选项卡的"表格样式"选项组中，单击"更多"下拉按钮，选择满意样式，如图8-62所示。

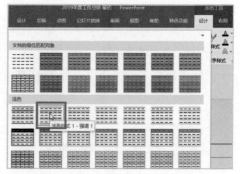

图8-62

Step06：选择后表格已套用该样式。使用横排文本框，在表格下方添加注释内容，并设置好其字体格式，效果如图8-63所示。至此，第8张幻灯片内容制作完成。

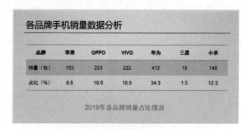

图8-63

（2）插入并编辑图表

图表是根据数据生成的各种图形，让数据表达更加直观。

Step01：复制第8张幻灯片至其下方，修改标题，同时删除表格内容，如图8-64所示。

图8-64

Step02： 在"插入"选项卡"插图"选项组中，单击"图表"按钮，如图8-65所示。

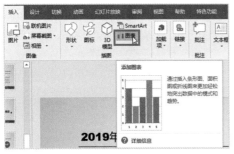

图8-65

Step03： 在"插入图表"对话框中，选择"柱形图"中的"簇状柱形图"，单击"确定"按钮，如图8-66所示。

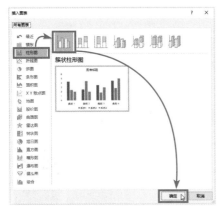

图8-66

Step04： 系统会自动插入一张图表，并启动Excel窗口。此时修改Excel中的数据，如图8-67所示。多余的列可以删除掉。

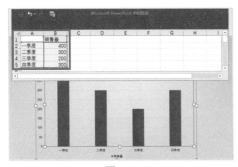

图8-67

Step05： 修改完成后，关闭Excel窗口，调整图表大小和位置，结果如图8-68所示。

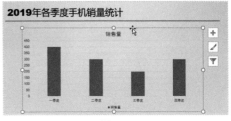

图8-68

Step06： 选中插入的图表，在"图表工具-设计"选项卡的"图表样式"选项组中，单击"更多"下拉按钮，选择满意的样式，如图8-69所示。

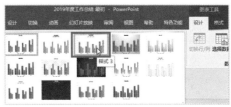

图8-69

Step07： 在"绘图工具-设计"选项卡的"图表布局"选项组中，单击"添加图表元素"按钮，选择"坐标轴"选项，并在其级联菜单中选择"主要纵坐标轴"选项，取消显示，如图8-70所示。

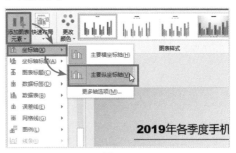

图8-70

Step08： 按照同样的方法将"图表标题"设置为"无"；将"图例"设置为"右侧"，效果如图8-71所示。至此工作报告演示文稿制作完毕。

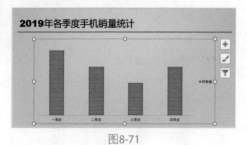

图8-71

8.2 制作企业推介文稿

企业推介文稿也就是常说的企业简介。该类文稿用途比较广泛，一般职场人士或多或少都制作过。下面将以制作企业简介文稿为例，介绍母版功能的应用操作。

8.2.1 母版版式的设计

母版功能就像先制作一批模具，用的时候就可调出来批量使用，非常方便。

扫一扫，看视频

Step01：新建空白文稿。在"视图"选项卡的"母版视图"选项组中单击"幻灯片母版"按钮，如图8-72所示。

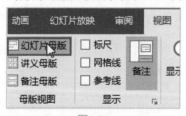

图8-72

Q **知识点拨**

母版页与版式页的区别

打开幻灯片母板视图后，左侧导航窗口会显示母版页和版式页幻灯片。首张幻灯片为母版页，其他幻灯片为版式页。用户在母版页所作的操作，会影响到其他版式页；而在任意一张版式页进行操作，其结果仅限当前页，其他页面均不受影响。

Step02：选择首张幻灯片，删除所有占位符。在"幻灯片母版"选项卡的"背景"选项组中，单击"背景样式"下拉按钮，选择"设置背景格式"选项，如图8-73所示。

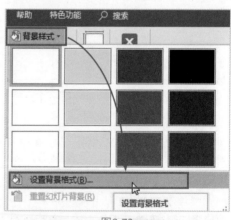

图8-73

Q **知识点拨**

什么是占位符

占位符其实就是一个占着固定位置的虚线方框。用户可以在占位符中填入文字、图片、图表等元素。利用占位符可快速统一幻灯片的格式。

Step03： 在"设置背景格式"窗格中，单击"图片或纹理填充"单选按钮，单击"文件"按钮，如图8-74所示。

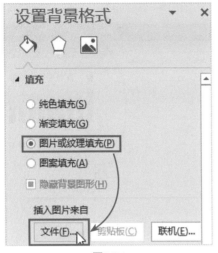

图8-74

Step04： 在"插入图片"对话框中，选择所需图片，单击"插入"按钮，如图8-75所示。

图8-75

Step05： 此时，插入的背景图已应用至其他幻灯片中，如图8-76所示。

图8-76

Step06： 在当前幻灯片中，使用"形状"命令，绘制一个与背景相同大小的矩形，并单击鼠标右键，选择"设置形状格式"选项，如图8-77所示，调出"设置形状格式"窗格。

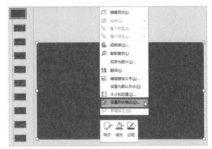

图8-77

Step07： 选中矩形，取消轮廓，并设置填充为"白色"，在"设置形状格式"窗格，"填充与线条"选项卡的"填充"中，将"透明度"选项设为"30%"，如图8-78所示。

图8-78

Step08： 绘制白色的小矩形，将其"透明度"设为10%。利用"直线"和"平行四边形"绘制如图8-79所示的分割线，并调整好颜色。

图8-79

至此，完成文稿背景版式的绘制操作。

8.2.2 制作企业推介首页

文稿背景版式制作完毕后，下面将利用母版来制作企业简介的封面页版式。具体操作如下。

扫一扫，看视频

Step01：进入母版视图。选择第2张幻灯片（标题幻灯片版式）。在"幻灯片母版"选项卡"背景"选项组中，勾选"隐藏背景图形"复选框，如图8-80所示。

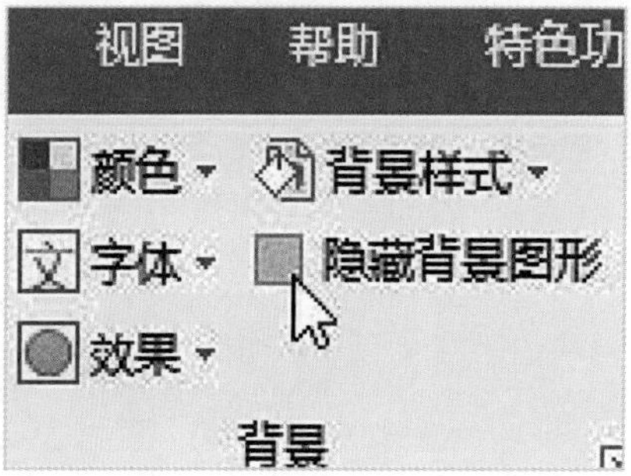

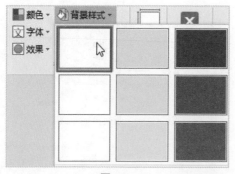

图8-80

Step02：在"幻灯片母版"选项卡，"背景"选项组中，单击"背景样式"下拉按钮，选择纯白色样式，如图8-81所示。此时，仅仅是当前页进行了修改，并不影响其他页面。

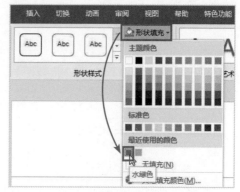

Step03：绘制一个矩形，设置为无轮廓，单击"形状填充"下拉按钮，选择"最近使用的颜色"选项中的水绿色，如图8-82所示。

图8-82

Step04：绘制一个矩形，将矩形设为无轮廓。选择"旋转"按钮，使用鼠标拖拽的方法，旋转矩形，结果如图8-83所示。同时再复制一个备用。

图8-83

Step05：选中这2个相交的矩形，在"绘图工具-格式"选项卡的"插入形状"选项组中，单击"合并形状"下拉按钮，选择"拆分"选项，如图8-84所示。

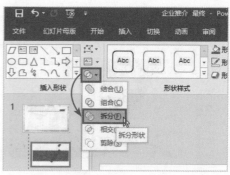

图8-84

图8-81

Step06: 此时，被选中的矩形已被拆分。删除多余的图形即可，结果如图8-85所示。

图8-85

Step07: 选中备用的矩形，将其放置如图8-86所示的位置。

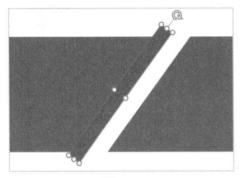

图8-86

Step08: 再新建2个矩形，放置在如图8-87所示位置，矩形为无轮廓。

图8-87

Step09: 选中刚绘制的3个矩形。按照Step05、Step06将图形进行拆分，结果如图8-88所示。

图8-88

Step10: 选中拆分后的图形，在"绘图工具-格式"选项卡的"形状样式"选项组中，单击"更多"下拉按钮，选择一款满意的样式，这里选择"强烈效果-金色，强调颜色4"，如图8-89所示。

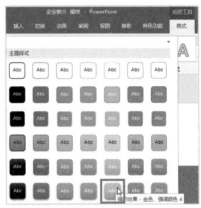

图8-89

Step11: 利用"直线"形状，绘制两条黄色的装饰线，如图8-90所示。

图8-90

Step12: 选中左侧的多边形，在"绘图工具-格式"选项卡的"形状样式"选项组中，单击"形状填充"按钮，选择"图片"选项，如图8-91所示。

图8-91

Step13: 在弹出的"插入图片"对话框中，单击"来自文件"按钮，如图8-92所示。

图8-92

Step14: 选中所需图片，单击"插入"按钮，如图8-93所示。

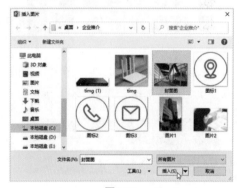

图8-93

注意事项 在版式页中无法删除任何元素

在母版视图界面中，版式页中的元素是无法进行删除或修改操作的，除非选择母版页才可以。

Step15: 此时被选中的图形已填充了图片，结果如图8-94所示。

图8-94

Step16: 在左侧导航窗格中，单击鼠标右键选择"重命名版式"选项，如图8-95所示。

图8-95

Step17: 在"重命名版式"对话框中，输入名称，单击"重命名"按钮，如图8-96所示。

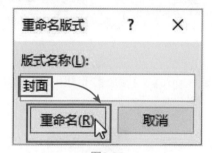

图8-96

Step18: 在"幻灯片母版"选项组中，单击"关闭母版视图"按钮，返回到编辑界面，如图8-97所示。至此封面版式制作完成。

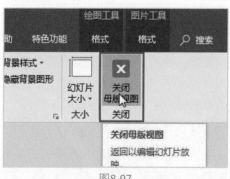

图8-97

Step19： 在普通视图中，右击导航窗格的幻灯片，选择"版式"选项，并在其级联菜单中选择刚创建的"封面"版式，如图8-98所示。

图8-98

Step20： 插入文本框，输入标题内容，并设置好字体格式，将标题右对齐，结果如图8-99所示。至此企业封面幻灯片制作完毕。

图8-99

8.2.3 制作企业推介目录页

下面将制作目录幻灯片。具体操作方法如下。

扫一扫，看视频

Step01： 插入一张幻灯片，并将其版式设置为"空白"，如图8-100所示。

图8-100

Step02： 插入文本框，输入文字"目录"标题文字，并设置好其字体格式，调整好其位置，结果如图8-101所示。

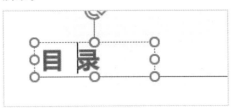

图8-101

Step03： 再次插入文本框，输入目录内容，如图8-102所示。

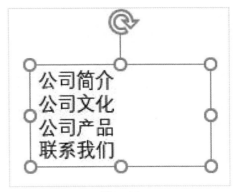

图8-102

🔍 **知识点拨**

图片版式功能

如果有多张图片要进行排列，可以使用图片版式功能来操作。该功能可将图片快速排版，从而提高制作效率。选中所有图片，在"图片工具-格式"选项卡中单击"图片版式"下拉按钮，选择一款满意的样式即可。

Step04： 选中文本框，在"开始"选项卡的"段落"选项组中，单击"转换为SmartArt图形"按钮，选择"其他SmartArt图形"选项，如图8-103所示。

161

图8-103

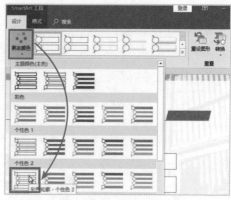

图8-106

Step05：在"选择SmartArt图形"对话框中，选择需要的图形样式，如图8-104所示。单击"确定"按钮。

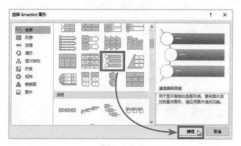

图8-104

Step06：此时，被选中的文字内容已转换成SmartArt图形了，如图8-105所示。

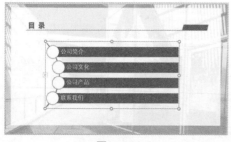

图8-105

Step07：调整好图形的大小和位置。在"SmartArt工具-设计"选项卡的"更改颜色"选项组中，选择一个满意的颜色，如图8-106所示。

Step08：将素材"产品1"图片直接拖入至该页面中，即可快速插入图片，如图8-107所示。

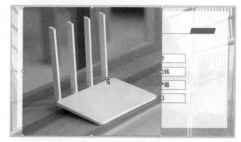

图8-107

Step09：调整图片的大小。选中图片，在"图片工具-格式"选项卡的"大小"选项组中，单击"裁剪"下拉按钮，选择"裁剪为形状"选项，并在级联菜单中选择"椭圆"形状，如图8-108所示。

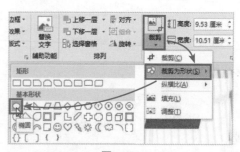

图8-108

Step10： 此时，被选中的图片已裁剪为椭圆形。至此，目录幻灯片制作完毕，效果如图8-109所示。

图8-109

8.2.4 制作企业推介内容页

下面将开始制作内容幻灯片，具体操作方法如下。

Step01： 选中目录页，按【Enter】键，插入一张新幻灯片版式。使用文本框输入"公司简介"标题内容，并设置好文字格式，如图8-110所示。

公司简介

图8-110

Step02： 插入文本框，输入正文内容，并设置好字体格式。同时将素材图片直接拖至当前页中，调整好大小和位置，结果如图8-111所示。

图8-111

Step03： 复制制作好的"公司简介"幻灯片，修改其标题内容。删除所有正文内容。使用圆形，按住【Shift】键，绘制正圆形，如图8-112所示。

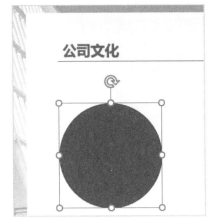

图8-112

Step04： 将圆形填充为白色，如图8-113所示。

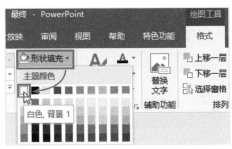

图8-113

Step05： 将圆形轮廓设为橙色，并为其添加阴影，如图8-114所示。

图8-114

163

Step06: 选中设置好的圆形，按住【Ctrl】键，拖拽鼠标至右侧合适位置，放开鼠标，完成圆形的复制操作，如图8-115所示。

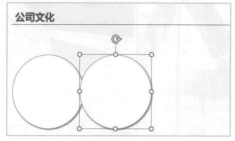
图8-115

Step07: 按照同样方法，再复制2个圆形。双击图形，输入文字，并设置好字体格式，结果如图8-116所示。

图8-116

Step08: 复制"公司文化"幻灯片至其下方，将标题更改为"公司产品"，将素材文件中的3张产品图拖入该页面中，并调整好图片的大小和位置。在图片下方插入文本框，输入产品的名称，结果如图8-117所示。

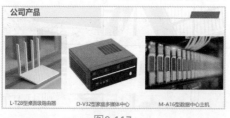
图8-117

Step09: 选中所有图片，使用"裁剪为形状"功能，将图片裁剪为圆角矩形样式，效果如图8-118所示。

图8-118

Step10: 复制"公司产品"幻灯片至其下方，将标题改为"联系我们"，并删除其内容，将素材"图片2"插入到该页，调整好大小和位置，如图8-119所示。

图8-119

Step11: 将素材"图标1、图标2和图标3"图片也拖入至该右侧合适位置，调整好大小，如图8-120所示。

图8-120

Step12: 绘制一条橙色的装饰线。使用文本框，输入正文内容，设置好字体格式，结果如图8-121所示。至此企业推介内容页制作完毕。

图8-121

8.2.5 制作企业推介尾页

一个完整的演示文稿必须要有一个结尾,企业推介也是一样。下面介绍结尾页的制作方法。

扫一扫,看视频

Step01: 打开母版视图界面,复制封面页版式至其下方,并重命名为"尾页",如图8-122所示。

图8-122

Step02: 将左侧填充的图片设为纯色,颜色为"最近使用的颜色"列表中的"水绿色"。而将右侧纯色形状填充为封面图,并移动黄色装饰条到右侧,结果如图8-123所示。

图8-123

Step03: 关闭母版视图,进入普通视图界面。新建尾页幻灯片版式。在左侧图形中插入文本框,输入致谢词,如图8-124所示。至此完成企业推介尾页内容的制作。

图8-124

8.2.6 演示文稿保存为模板

用户可将做好的文稿保存为模板文档,方便以后直接调用。

Step01: 单击"文件"选项卡,在"另存为"选项中,单击"浏览"按钮,如图8-125所示。

图8-125

Step02: 在"另存为"对话框中,将"保存类型"设为"PowerPoint模板"单击"保存"按钮即可,如图8-126所示。

图8-126

拓展练习 制作个人简历演示文稿

下面将以制作个人简历演示文稿为例，向用户介绍PowerPoint的高级操作。

Step01： 新建幻灯片，进入"幻灯片母版"界面，选择母版页，插入背景图片，调整大小，如图8-127所示。

图8-127

Step02： 在标题幻灯片页，隐藏背景图形，并将背景图片设为该页的背景。插入2个矩形，分别设置矩形样式，如图8-128所示。

图8-128

Step03： 关闭母版视图。新建标题幻灯片版式，插入照片并将其裁剪为圆形，插入文本框，输入文字，插入形状，完成封面设计，如图8-129所示。

图8-129

Step04： 按照以上相同的方法，插入文本框和图形，完成内容页的制作，如图8-130所示。

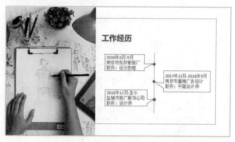

图8-130

Step05： 复制封面至尾页，删除多余内容。输入致谢词，完成尾页制作，如图8-131所示。

图8-131

Step06： 保存文档，完成个人简历制作，如图8-132所示。

图8-132

职场答疑Q&A

1. Q：为什么某些选项有时会出现，有时找不到？

A：这些选项叫做动态命令。只有选择某些元素时，它才会出现。例如，选择图片元素时，会出现"图片工具"选项卡；选择表格元素时，又会出现"表格工具"选项卡。系统会根据选择的不同元素来显示。

2. Q：在使用图形功能时，为什么找不到圆形？

A：圆形被椭圆代替了。用户只需按住【Shift】键即可绘制出正圆形；按住【Shift】键还可以等比缩放图形。

3. Q：需要的图标元素只能去网上下载吗？

A：如果Office版本低于2019，就需要用户自行下载。新版Office2019提供了图标功能，在"插入"选项卡的"插图"选项组中单击"图标"按钮，就可以启动在线图标库，选择所需图标，单击"插入"按钮即可，如图8-133所示。

图8-133

4. Q：想使用某图片上的颜色，而在颜色库里又无法找到相同的颜色，怎么办？

A：在"形状填充"下拉列表中，选择"取色器"选项即可。该功能如同PS功能中的吸管工具一样，只要将它放在所需颜色上，单击一下，即可复制该颜色至填充区域。

第**9**章

幻灯片的完美呈现

内容导读

幻灯片的呈现，除了文字和图片外，最有特色的就是穿插在其中的视频、动画、声音等多媒体元素了，它们让枯燥的文字和图形变得活跃起来。一个好的幻灯片，除了更加直观立体地展现表达者的意图外，还能给观看者带来愉悦的视觉听觉享受。本章将重点介绍在幻灯片中多媒体元素以及动画效果的应用操作。

案例效果

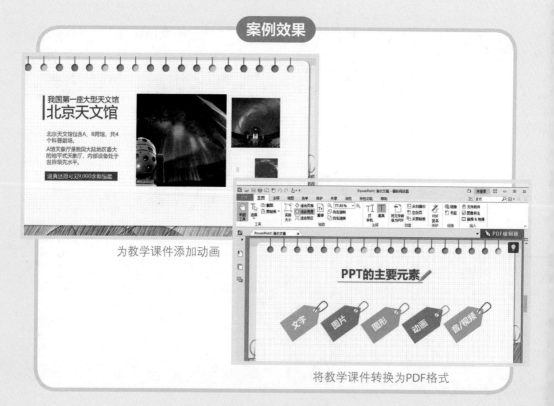

为教学课件添加动画

将教学课件转换为PDF格式

9.1 为教学课件添加多媒体元素

教学课件使讲师的知识传授工作有了新的方式。好的教学课件除了文字和图片外，一般还包含其他元素，例如音乐和视频。下面介绍在幻灯片中添加音频、视频的操作方法。

9.1.1 添加背景音乐

在幻灯片中配合优美的背景音乐，可以打造一个良好的教学环境，对更好地理解页面主题和教学内容都有着不错的效果。下面介绍具体的添加过程。

扫一扫，看视频

Step01： 打开素材文件，切换到第8张幻灯片。

Step02： 在"插入"选项卡的"媒体"选项组中，单击"音频"按钮，选择"PC上的音频"选项，如图9-1所示。

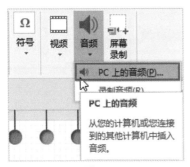

图9-1

Step03： 在"插入音频"对话框中，选择音频文件，单击"插入"按钮，如图9-2所示。

图9-2

Step04： 此时，在页面中会显示出喇叭图标，说明音乐添加成功，如图9-3所示。

图9-3

> **🔍 知识点拨**
>
> **快速插入音频文件**
> 用户也可直接拖动音频文件到幻灯片中，完成音频的插入操作。大部分的元素对象都可使用这种方法插入，方便快速。

9.1.2 音频的高级操作

插入音频文件后，用户可以对其进行调整和设置。

（1）音频文件的播放控制

在音频文件下方的控制条中，用户可以对音乐进行播放、暂停、快进、快退、时间显示和音量大小的调整，如图9-4所示的是调整音量大小。

图9-4

（2）音频图标的移动

选中音频图标，使用鼠标拖拽的方法，可以移动音频文件，如图9-5所示。

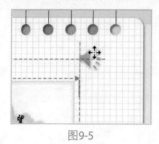

图9-5

（3）音频图标的美化

音频图标可以使用一些系统自带的样式来进行美化。

选中音频图标，在"音频工具-格式"选项卡中单击"颜色"下拉按钮，选择满意的颜色，如图9-6所示。

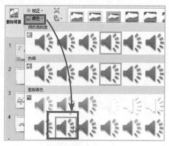

图9-6

（4）剪辑音频

音频文件插入后，用户可以对该文件进行必要的剪辑。

Step01：在"音频工具-播放"选项卡的"编辑"选项组中，单击"剪裁音频"按钮，如图9-7所示。

图9-7

Step02：在"剪裁音频"对话框中，可以试听音频。用户可以将绿色"开始"滑块和红色"结束"滑块拖动到合适的位置，单击"确定"按钮，完成剪辑操作，如图9-8所示。

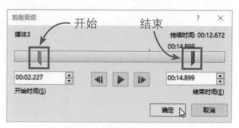

图9-8

（5）设置渐强渐弱效果

在"音频工具-播放"选项卡中的"淡化持续时间"设置框中，可以设置音量"渐强"和"渐弱"的时间，如图9-9所示。

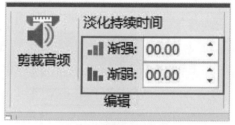

图9-9

（6）自动播放音频文件

默认情况下，放映幻灯片时，需单击播放按钮才可播放音频，那如何让音乐自动播放呢？具体操作如下。

Step01：选中音频图标，在"音频工具-播放"选项卡的"音频选项"中，单击"开始"下拉按钮，选择"自动"选项，如图9-10所示。

图9-10

Step02：勾选"放映时隐藏"复选框，可以在播放时不显示音频图标。勾选"循环播放，直到停止"复选框，在该页展示时，音频会循环播放，如图9-11所示。

图9-11

> **🔍知识点拨**
>
> **跨幻灯片播放**
>
> 默认情况下，音频只会在当前页进行播放，一旦翻页就会停止播放。而在"音频选项"中勾选"跨幻灯片播放"复选框后，就会实现幻灯片翻页后依然播放音频。

9.1.3 添加视频文件

扫一扫，看视频

为幻灯片添加视频文件和添加音频文件的方法基本一致。

Step01：选择第2页幻灯片，在"插入"选项卡的"媒体"选项组中，单击"视频"下拉按钮，选择"PC上的视频"选项，如图9-12所示。

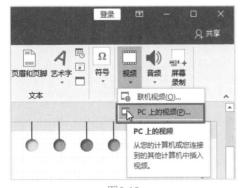

图9-12

> **🔍知识点拨**
>
> **屏幕录制功能**
>
> 在"媒体"选项组中单击"屏幕录制"功能，可以直接录制当前屏幕所有操作。结束录制后，可直接插入至幻灯片中，无须使用第三方录屏软件进行操作。

Step02：在弹出的对话框中，选中所示视频文件，单击"插入"按钮，如图9-13所示。

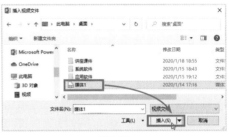

图9-13

Step03：拖动四周的控制角点，可对视频窗口的大小进行调整，如图9-14所示。

图9-14

9.1.4 视频的高级操作

完成了视频文件的插入后，用户还可以对视频文件进行设置和调整。

（1）视频文件的播放控制

在插入视频文件后，用户可以在控制器中实现"播放""暂停""播放定位""快进""快退"以及播放音量大小的调节，如图9-15所示。

图9-15

（2）更换播放窗口封面

视频插入后，视频窗口呈灰色显示，用户可以为其添加一个视频封面，用于未播放时显示。

Step01：选中播放窗口，在"视频工具-格式"选项卡的"调整"选项组中，单击"海报框架"下拉按钮，选择"文件中的图像"选项，如图9-16所示。

图9-16

Step02：在打开的对话框中，选择所需图片，单击"插入"按钮即可，如图9-17所示。

图9-17

（3）视频播放窗口的美化

在"视频工具-格式"选项卡的"视频样式"选项组中，用户可以对窗口的样式进行设置，如图9-18所示。

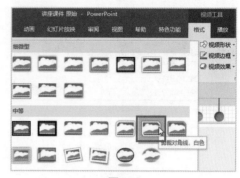

图9-18

（4）视频的剪裁

在视频操作中，用户同样可对视频进行剪裁。

Step01：在"视频工具-播放"选项卡的"编辑"选项组中，单击"剪裁视频"按钮，如图9-19所示。

图9-19

Step02：在"剪裁视频"对话框中，使用鼠标拖拽"开始"滑块和"结束"滑块，来进行裁剪操作，单击"确定"按钮，如图9-20所示。

图9-20

注意事项 视频剪辑需注意

PPT只能对视频进行简单的剪辑，去头去尾。如果想删除视频中的某一段，目前PPT是无法完成的。

（5）控制视频的播放

与音频播放相同，用户可以根据需要控制视频播放。

Step01： 在"视频工具-播放"选项卡的"视频选项"选项组中，单击"开始"下拉按钮，选择"自动"选

项，此时系统只要切换到该幻灯片，视频就会自动进行播放，如图9-21所示。

图9-21

Step02： 如果需要调节视频音量，可以单击"音量"下拉按钮，选择对应的音量大小。

Step03： 如果需要循环播放，则勾选"循环播放，直到停止"复选框。

Step04： 如果需要全屏播放，那么勾选"全屏播放"按钮，如图9-22所示。在展示时，播放窗口会自动以全屏进行播放。按【ESC】键可退出全屏，暂停播放。

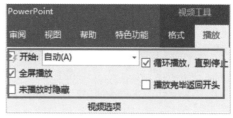

图9-22 全屏播放

9.2 为教学课件创建链接与动画

在幻灯片中添加链接或动画，能够更好地展示所需内容，同时也使枯燥无味的幻灯片变得生动有趣起来。下面将介绍在教学课件中创建链接和动画的操作方法。

9.2.1 为教学课件目录添加超链接

为了能够快速切换到相关幻灯片，用户可以为其添加链接操作。具体操作如下。

扫一扫，看视频

Step01： 打开素材文件，选择第6张幻灯片，选中"添加音频"的图形（不是文字内容），在"插入"选项卡的"链接"选项组中，单击"链接"按钮，如图9-23所示。

图9-23

Step02：在"插入超链接"对话框中，选择"本文档中的位置"选项，并在右侧列表中选择"幻灯片 8"选项，单击"确定"按钮，如图9-24所示。

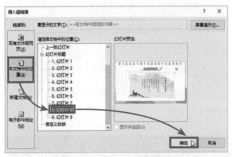

图9-24

Step03：当光标移至链接的图形上时，在光标附近会显示链接信息。按【Ctrl】键并单击该图形即可跳转到相关幻灯片，如图9-25所示。按照同样的操作方法，将"插入图片"图形链接至第7张幻灯片中。

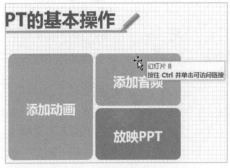

图9-25

注意事项 放映时链接设置
在放映幻灯片时，将光标放至链接的内容上，光标会以手指形状显示，单击即可跳转至相关幻灯片。

Step04：选择第7张幻灯片，在"插入"选项卡"插图"选项组中，单击"图标"按钮，如图9-26所示。

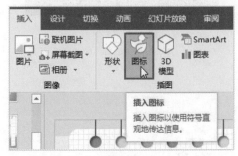

图9-26

Step05：在"插入图标"对话框中，选择一个满意的图标，单击"插入"按钮，如图9-27所示。

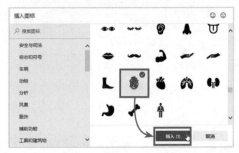

图9-27

Step06：调整图标的大小，并移动到界面右下角，如图9-28所示。

图9-28

Step07： 选中图标，在"图形工具-格式"选项卡的"图形样式"选项组中，单击"更多"下拉按钮，选择合适的样式进行美化，如图9-29所示。

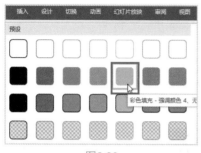

图9-29

Step08： 选中图标，在"插入"选项卡"链接"选项组中，单击"动作"按钮，如图9-30所示。

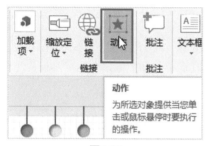

图9-30

Step09： 在"操作设置"对话框中，单击"超链接到"单选按钮，在其下拉列表中，选择"幻灯片…"选项，如图9-31所示。

图9-31

Step10： 选择链接的幻灯片，单击"确定"按钮，如图9-32所示。

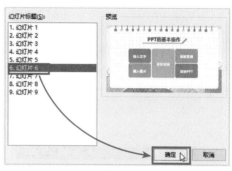

图9-32

Step11： 设置后，将光标移至链接的图标上方时，也会出现相应的链接信息。按【Ctrl】键并单击，即可跳转到相应的幻灯片页面，如图9-33所示。

图9-33

Step12： 将该图标复制到第8页幻灯片上。由于没有更改设置，所以可以直接使用，如图9-34所示。至此，返回按钮就制作完毕了。

图9-34

9.2.2 设置幻灯片切换效果

在放映时，为了实现幻灯片间无缝连接效果，可以为其添加切换效果。

扫一扫，看视频

Step01： 选择第3张幻灯片，在"切换"选项卡的"切换到此幻灯片"选项组中，单击"更多"下拉按钮，选择合适的切换效果，如图9-35所示。

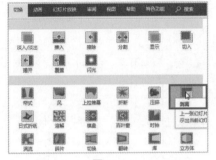

图9-35

Step02： 选择后，用户即可看到设置后的切换效果，如图9-36所示。

图9-36

Step03： 选择第5张幻灯片，将其切换设为"淡入/淡出"，如图9-37所示。

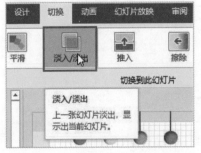

图9-37

Step04： 在"计时"选项组中，可以设置过渡时播放一些特色的声音，如图9-38所示。

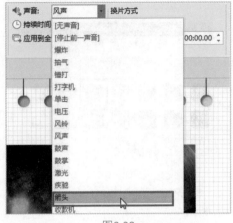

图9-38

Step05： 选择"持续时间"选项，可以设置切换的持续时间。单击"应用到全部"可将当前切换效果应用到所有幻灯片中，如图9-39所示。

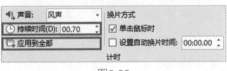

图9-39

Step06： 选中第4、6、7、8、9张幻灯片，将其切换效果为"剥离"效果，选择第4张幻灯片，在"切换"选项卡的"切换到此幻灯片"选项组中，单击"效果选项"下拉按钮，选择"向右"选项，如图9-40所示。

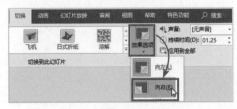

图9-40

9.2.3 为幻灯片内容添加动画效果

在幻灯片中添加动画效果会为演示文稿增色不少。那么动画是如何添加的呢？下面介绍具体操作方法。

Step01： 选择第3张幻灯片中的三张图片，将其叠放在一起，其顺序为"封面页→结尾页→内容页"，如图9-41所示是原始状态，图9-42所示是叠放后的状态。

图9-41

图9-42

Step02： 全选图片，在"动画"选项卡的"动画"选项组中，单击"更多"下拉按钮，从预设的效果中，选择"缩放"选项，如图9-43所示。

图9-43

Step03： 选择"封面页"图片，在"动画"选项卡的"高级动画"选项组中，单击"添加动画"下拉按钮，选择"其他动作路径"选项，如图9-44所示。

图9-44

Step04： 在"添加动作路径"对话框中，选择"向左"选项。此时，用户即可预览动画效果。单击"确定"按钮，如图9-45所示。

注意事项 路径的起点与终点

添加路径动画后，用户可以根据需要对该路径进行调整。绿色标记为动画运动的起点，红色标记为动画运动的终点。使用鼠标拖拽的方法调整这两个标记即可调整动画路径。

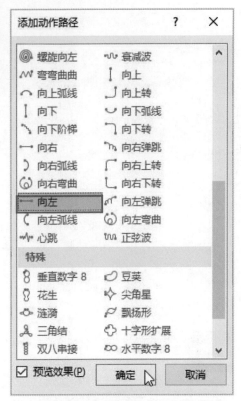

图9-45

Step05：在当前图片左侧会显示"1"和"2"两个序号。说明该图片添加了两种动画效果。系统会按照序号的顺序自动播放动画效果，如图9-46所示。

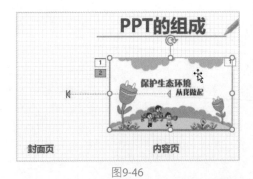

图9-46

Step06：选中红色标记，使用鼠标拖拽的方式，向左延长动画运动的距离，如图9-47所示。

图9-47

Step07：按照同样方法，为结束页添加"向右"动画路径，并调整好动画运动终点位置，如图9-48所示。

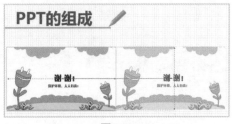

图9-48

注意事项 设置结尾页动画需注意
由于图片是叠放在一起的，所以想要选择第2张图片的话，需要稍微移动第1张图片。而图片移动的话，其动画路径也会随之移动。当设置完第2张动画后，再将第1张图片移回原位即可。

Step08：在"动画"选项卡的"高级动画"选项组中，单击"动画窗格"按钮，如图9-49所示。

图9-49

Step09：在动画窗格中，可以看到此时所有元素的动画效果和播放顺序。右击"1 图片103"动画项，在"计时"选项组中单击"开始"下拉按钮，选择

"与上一动画同时"选项，如图9-50所示。

图9-50

Step10： 此时可以看到原序号为"1"，设置后，转变为"0"，这就说明当前动画为自动播放，如图9-51所示。

图9-51

Step11： 在该窗格中，右击"图片101"向左运动路径选项，在下拉列表中选择"从上一项之后开始"选项，如图9-52所示。

知识点拨

动画窗格中的动画标记

在动画窗格中，每组动画前都会有相应的动画标记。带有绿色★标记的为进入动画；带有黄色★标记的为强调动画；带有红色★标记的则为退出动画；而带有路径标记的则为运动路径动画。

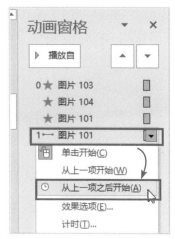

图9-52

Step12： 按照同样的操作，将"图片104"向右运动路径选项设为"从上一项开始"，如图9-53所示。

图9-53

Step13： 同时选中图片下方的文字内容，将其设为"淡入"动画，如图9-54所示。

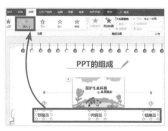

图9-54

Step14: 在画窗格中,右击"封面页"动画选项,从列表中选择"从上一项之后开始"选项,如图9-55所示。

图9-55

至此,当前页动画添加完毕。用户只需在动画窗格中,单击"全部播放"按钮即可查看所有动画效果。

9.2.4 动画效果的高级设置

在"高级动画"选项组中,除了以上介绍的"添加动画"和"动画窗格"的应用操作外,还有其他一些比较实用的动画选项,例如动画持续时间与延迟、动画刷、触发动画等。下面对其功能进行简单介绍。

扫一扫,看视频

(1)调整持续时间与延迟

在"计时"选项卡中,用户可以根据需要设置"持续时间"或"延迟"参数,如图9-56所示。

图9-56

> **注意事项** 不要随意调整动画的持续时间
>
> 每组动画都有它自己的节奏,用户尽量不要随意调整该时间。否则就破坏了节奏,从而影响到效果。

(2)复制动画效果

用户在制作动画时,可以使用动画刷功能来复制动画,从而避免重复操作,提高制作效率。

先选择目标对象,在"动画"选项卡的"高级动画"选项组中,单击"动画刷"按钮,此时鼠标右侧会显示小刷子图标,单击所需对象即可完成复制操作,如图9-57所示。

图9-57

(3)设置触发条件

触发动画,顾名思义,就是通过单击某个对象后才实现的动画效果。其原理与单击按钮相同。

在"动画"选项卡的"高级动画"选项组中,单击"触发"下拉按钮,在"通过单击"选项中,选择启动动画需要单击的对象,即可完成设置,如图9-58所示。

图9-58

（4）删除动画

如果需要删除动画，则在动画窗格中，选择需要的动画选项，右击，选择"删除"选项即可，如图9-59所示；或者在页面中，选择动画序号，按【Delete】键进行删除。

图9-59

9.2.5 其他页面的动画设置

下面按照上面介绍的一些动画功能来完成课件其他页面的动画设置。

扫一扫，看视频

Step01： 选择第4张幻灯片的"文字"图形，将其设为"飞入"动画效果，如图9-60所示。

图9-60

Step02： 单击"效果选项"下拉按钮，选择"自左侧"选项，如图9-61所示。

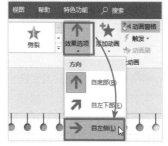
图9-61

Step03： 打开动画窗格，右击"组合75"动画选项，选择"效果选项"选项，如图9-62所示。

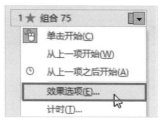
图9-62

Step04： 在"飞入"对话框中，将"弹跳结束"值设置为"0.25秒"，单击"确定"按钮，如图9-63所示。

图9-63

Step05： 选中设置好的图形，使用"高级动画"选项组"动画刷"功能，依次为其他几个图形，设置同样的动画效果，如图9-64所示。

图9-64

Step06： 在"动画窗格"中，调整"组合75"的开始时间为"从上一项开始"，如图9-65所示。其他动画的"开始"参数设为"从上一项之后开始"。

完成后，预览动画效果。

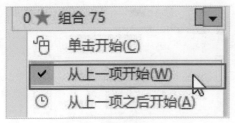

图9-65

Step07： 选择第5张幻灯片中的全部图片和"天象厅"图形，将其添加"缩放"动画效果，如图9-66所示。

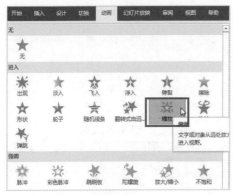

图9-66

Step08： 将第1张图片设置为"从上一项之后开始"，其余元素设置为"从上一项开始"如图9-67所示。

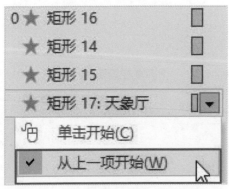

图9-67

Step09： 在"动画"选项卡"计时"选项组中，将矩形14、矩形15、矩

形17的"延迟"参数分别设为0.20、0.30、0.60，如图9-68所示。设置完成后，预览当前页所有动画效果。

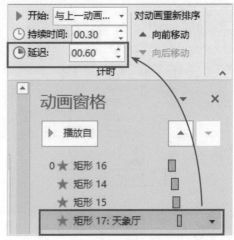

图9-68

Step10： 选择第7张幻灯片左侧的图片，在动画列表中，选择"其他动作路径"选项，如图9-69所示。

图9-69

Step11： 在"更改动作路径"对话框中，选择"向下弧线"选项，单击"确定"按钮，如图9-70所示。

图9-70

Step12：路径添加完成后，调整好运动路径的起点和终点，结果如图9-71所示。

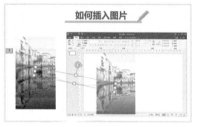

图9-71

Step13：在"动画窗格"中，设置该动画的"开始"参数为"单击开始"，如图9-72所示。

图9-72

Step14：设置完成后，单击"全部播放"按钮，即可查看当前页的动画效果，如图9-73所示。至此课件中所有动画效果添加完毕。

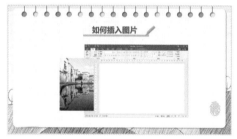

图9-73

9.3 放映教学课件

　　简单的放映演示文稿的操作方法相信用户都会，但是如果需要按照特定的需求进行放映的话，可能就需要使用一些高级设置了。本节将着重介绍放映演示文稿的一些高级操作，以及演示文稿的输出操作。

9.3.1 演示文稿的放映方式

　　演示文稿的放映方式主要有3种，分别是"从头开始""从当前幻灯片开始"以及"自定义幻灯

扫一扫，看视频

片放映"。下面分别对其进行简单介绍。

（1）从头开始

　　在演示文稿中，无论选择哪张幻灯片，在"幻灯片放映"选项卡"开始放映幻灯片"选项组，单击"从头开始"

按钮，如图9-74所示，系统都会从首张幻灯片开始放映。

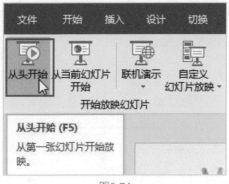

图9-74

（2）从当前幻灯片开始

如果用户想要从指定的幻灯片开始放映的话，那么只需单击"从当前幻灯片开始"按钮，如图9-75所示。此时系统会从当前选择的幻灯片开始放映。

图9-75

注意事项 利用快捷键放映幻灯片

除了使用功能区中的命令来放映幻灯片外，用户还可以使用快捷键来放映。按【F5】键可从头开始放映；按【Shift+F5】键则为从当前幻灯片开始放映。

（3）自定义幻灯片放映

如果只需放映指定范围的幻灯片，那么就可以采取自定义放映方式来操作。

Step01： 在"幻灯片放映"选项卡"开始放映幻灯片"幻灯片选项组中，单击"自定义幻灯片放映"下拉按钮，选择"自定义放映"选项，如图9-76所示。

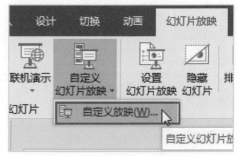

图9-76

Step02： 在"自定义放映"对话框中，单击"新建"按钮，如图9-77所示。

图9-77

Step03： 在"幻灯片放映名称"中，输入放映名，在左侧窗格中，选中，需要播放的幻灯片页，单击"添加"按钮，如图9-78所示。

图9-78

Step04： 右侧方框中会出现选中的幻灯片，通过右侧的功能按钮，调整幻灯片顺序以及删除不需要播放的幻灯片。选择完成后，单击"确定"按钮，如图9-79所示。

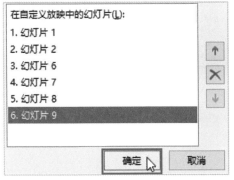

图9-79

Step05： 返回到上一对话框，单击"放映"按钮就可以放映设置后的幻灯片。单击"关闭"按钮，完成创建，如图9-80所示。

图9-80

Step06： 当下次想调用自定义放映的幻灯片，只需单击"自定义幻灯片放映"下拉按钮，在列表中选择所需放映名称即可，如图9-81所示。

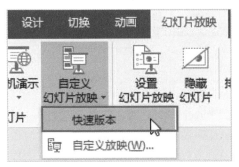

图9-81

9.3.2 幻灯片放映高级设置

除了自定义幻灯片放映外，用户还可以使用一些高级功能进行放映。在"幻灯片放映"选项卡"设置"选项组，单击"设置幻灯片放映"按钮来进行定义，如图9-82所示。

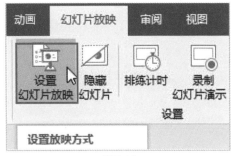

图9-82

在弹出的"设置放映方式"对话框中，可以设置的功能如下。

（1）放映类型

如图9-83所示，其中"演讲者放映"就是普通模式，演讲者完全控制；"观众自行浏览"就是小窗口模式，给观众自己浏览，或者需要小窗口播放时可以选择该项；"在展台浏览"就是自动放映，基本不需要控制。

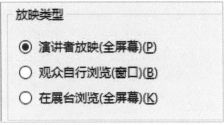

图9-83

（2）放映选项

如图9-84所示，如果放映出现黑屏等情况，可以勾选"禁用硬件图形加速"加速复选框；如果想要设置标记笔的颜色，可以通过设置"绘图笔颜色"

或"激光笔颜色"两个选项进行操作。

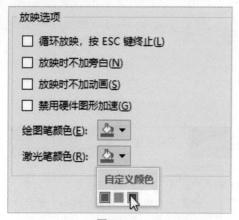

图9-84

（3）放映幻灯片

默认是全部播放，在这里也可以指定区域播放，如图9-85所示。

图9-85

（4）推进幻灯片

幻灯片默认是手动翻页，如果想要设置自动放映的话，就需要选择"如果出现计时，则使用它"这一项，当然，这里说的计时指的是排练计时功能，如图9-86所示。

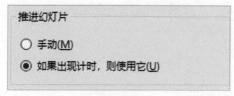

图9-86

所有选项设置完成后，单击"确定"按钮，即可退出设置界面，如图9-87所示。

图9-87

9.3.3 设置排练计时并录制旁白

在实际工作中，有时对幻灯片播放的时间有要求，那么就可以使用排练计时功能或录制功能来操作。

扫一扫，看视频

（1）排练计时

排练计时其实就是计时器。使用该功能能够让幻灯片在一定的时间段进行自动播放操作。

Step01： 选择第1页幻灯片，在"幻灯片放映"选项卡的"设置"选项组中单击"排练计时"按钮，如图9-88所示。

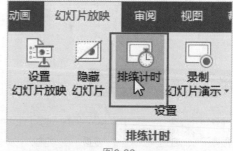

图9-88

Step02： 此时，在界面左上角会显示计时器，如图9-89所示，在该计时器中，用户可以实现跳转至下一页、暂停录制、查看当页时间、重新录制本页以及显示总时间的功能。

图9-89

Step03： 放映完最后一张幻灯片时将结束录制，在打开的对话框中，单击"是"按钮保留计时，如图9-90所示。在进行播放时，系统会自动按照录制的时间，自动切换每一页幻灯片。

图9-90

（2）录制幻灯片演示

排练计时是对幻灯片播放的时间进行控制，而"录制幻灯片演示"功能，不仅能够控制播放时间，还可保留所有在幻灯片上面的笔迹、旁白等。下面介绍录制幻灯片演示的步骤。

Step01： 在"幻灯片放映选项卡"的"设置"选项组中，单击"录制幻灯片演示"下拉按钮，选择"从头开始录制"选项，如图9-91所示。

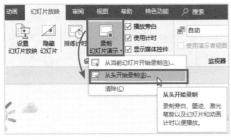

图9-91

Step02： 启动录制界面后，在录制界面的左上方，单击"开始录制"按钮，开始录制，如图9-92所示。

图9-92

Step03： 在录制过程中，可以使用界面下方的笔、荧光笔以及橡皮擦来进行重点标记工作，如图9-93所示。

图9-93

Step04： 所有页面的录制完成后，会自动保存在文稿中，用户可以通过放映功能来自动进行播放。如果需要删除录制，可以在"清除"选项中选择相关选项删除，如图9-94所示。

图9-94

在录制过程中，用户可以边录边讲解。放映时，就像放映视频文件一样，不需要控制，非常方便。

9.3.4 打包教学课件

如果电脑中没有安装PowerPoint软件，该如何放映演示文稿呢？将演示文稿打包处理即可。下面介绍打包教学课件的具体操作方法。

Step01：打开教学课件，在"文件"选项卡的"导出"选项中，选择"将演示文稿打包成CD"选项，单击"打包成CD"按钮，如图9-95所示。

图9-95

Step02：在"打包成CD"对话框中，进行重命名。选择需要打包的演示文稿。单击"复制到文件夹"按钮，如图9-96所示。

图9-96

Step03：单击"浏览"按钮，如图9-97所示。

图9-97

Step04：找到可以保存的文件夹，单击"选择"按钮，如图9-98所示。

图9-98

Step05：返回到上一层对话框，单击"确定"按钮，系统弹出提示信息，单击"是"按钮。

Step06：完成文件打包工作后，系统会自动打开文件保存目录，如图9-99所示。

图9-99

Step07：进入"Presentation Package"文件夹，启动页面文件，会弹出提示。用户下载对应的查看器，即可播放教学课件了，如图9-100所示。

图9-100

9.3.5 输出教学课件

除了用打包的方式输出教学课件，用户也可将课件输出成其他格式的文件，方便阅读者查看。

扫一扫，看视频

（1）输出图片格式

将演示文稿转换为图片形式，方便打印，也方便在任何电脑上展示。

Step01： 在"文件"选项卡中，选择"另存为"选项，单击"浏览"按钮，如图9-101所示。

图9-101

Step02： 在"另存为"对话框中，为文件重命名，在保存类型中，选择"JPEG 文件交换格式"选项，如图9-102所示。

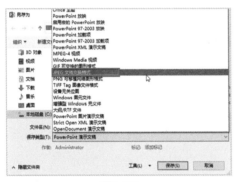

图9-102

Step03： 在弹出的提示框中，根据需要进行选择，这里单击"所有幻灯片"按钮，如图9-103所示。

图9-103

Step04： 设置完成后，用户可以在相应的文件夹中查看到保存的所有图片，如图9-104所示。

图9-104

（2）输出为PDF格式

除了图片格式，用得最多的就是PDF格式，该格式可以有效地防止被更改。

Step01： 选择"文件"选项卡，打开"另存为"对话框，将保存类型选择成"PDF"，如图9-105所示。

图9-105

Step02： 其他参数保持不变，单击"保存"按钮进行输出，如图9-106所示。

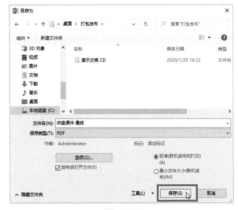

图9-106

Step03：保存完成后，系统会自动以PDF的格式打开，如图9-107所示。

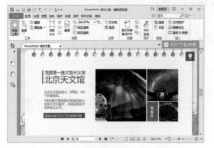

图9-107

（3）打印教学课件

演示文稿制作完毕后，用户可以直接进行打印，其方法与打印一般文档类似。

Step01：在"设计"选项卡的"自定义"选项组中，单击"幻灯片大小"按钮，选择"自定义幻灯片大小"选项，如图9-108所示。

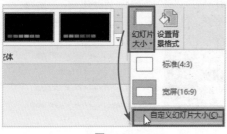

图9-108

Step02：在"幻灯片大小"对话框中，根据打印机参数进行设置，如图9-109所示。

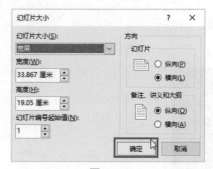

图9-109

Step03：打开"文件"选项卡，选择"打印"选项，在打开的"打印"界面中，选择好打印机型号，单击"打印"按钮即可，如图9-110所示。

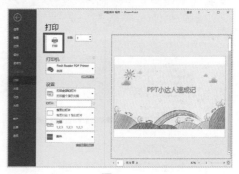

图9-110

拓展练习 制作垃圾分类演示文稿

下面将以制作垃圾分类演示文稿为例来介绍触发动画的实现步骤。

Step01：打开素材文稿，选中左侧的第1张图片，为其添加"缩放"动画，如图9-111所示。

图9-111

Step02：在"动画"选项组中，单击"触发"下拉按钮，在"通过单击"选项中，选择"可回收物"选项，如图9-112所示。

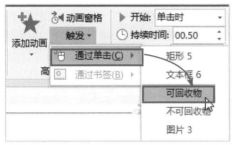

图9-112

Step03：选择右侧第4张图片，同样为其添加"缩放"动画效果，如图9-113所示。

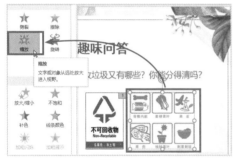

图9-113

Step04：按同样配置，将触发条件设置为单击"不可回收物"，如图9-114所示。

图9-114

Step05：触发操作设置完成后，会在相关的图片左上角显示触发标志，如图9-115所示。

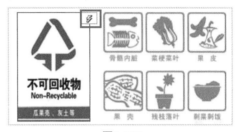

图9-115

Step06：按【F5】键播放该幻灯片，当光标移至"可回收物"图片上时，光标会变成手指形状，单击即可出现相关的示例图片，如图9-116所示。

图9-116

职场答疑Q&A

1. **Q**：在演示文稿中，一个元素只能使用一个动画效果吗？

   A：不是，用户可以为一个元素设置多个动画效果。这些动画效果可以按照设定的顺序进行播放。如果要添加多个动画效果，那么只需在"动画"选项卡中单击"添加动画"下拉按钮，在打开的动画列表中添加即可，如图9-117所示。添加完成后，在当前对象左上角就会显示相应的动画数量，如图9-118所示。

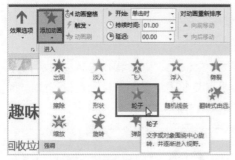

图9-117

图9-118

2. Q：除了使用自定义播放，还有什么方法可以隐藏不想放映的幻灯片页？

A：在"幻灯片放映"选项卡"设置"选项组中，单击"隐藏幻灯片"，如图9-119所示，则当前编辑的幻灯片在放映时会被隐藏起来，再次单击可以取消。

图9-119

3. Q：为什么在录制幻灯片演示时，没有控制界面，也录不了？

A：有可能是主机连接了多台显示器，这样，就需要在"幻灯片放映"选项卡的"监视器"选项组中，选择当前的显示器。默认为"自动"，用户可以手动选择当前的显示器，如图9-120所示。

图9-120

Photoshop 篇

Photoshop是一款图像处理软件，集图像设计、编辑、合成以及高品质输出功能于一体，具有十分完善且强大的功能。它的应用范围非常广泛，不论是平面设计、3D动画、数码艺术、网页制作、多媒体制作还是桌面排版，Photoshop都发挥着不可替代的重要作用。

本篇将以案例的形式介绍Photoshop软件的基本操作及应用，主要包括绘图编辑工具的使用、图层通道的使用、滤镜工具的使用等。

194

第 10 章
Photoshop入门必学

内容导读

在平面创作中文字是不可缺少的元素之一，不仅可以让人们快速了解作品所呈现的主题，还可以在整个作品中充当重要的修饰元素。文字的排列组合，直接影响版式的美观和信息穿透力。因此，Photoshop中文字工具的应用和设计方法是增强视觉传达效果，提高作品的诉求力，以及赋予版面审美价值的一种重要构成技术。本章将详细介绍文字的创建与设置。

案例效果

制作趣味照片

制作火焰字体特效

10.1 利用置入功能制作趣味照片

在使用Photoshop CC处理图像之前，应该先了解软件中一些基本的文件操作命令，例如文件的打开、关闭、新建和存储等。

10.1.1 打开照片文档

Photoshop允许用户同时打开多个图像文件进行编辑。打开Photoshop CC 2019的工作界面，选择"文件"选项，在打开的下拉列表中，选择"打开"选项，或按【Ctrl+O】组合键，弹出"打开"对话框，如图10-1所示。

图10-2

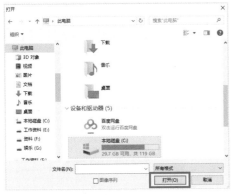

图10-1

10.1.2 置入照片素材

扫一扫，看视频

在Photoshop中，用户可以通过选择"文件"选项，在打开的下拉列表中，选择"置入嵌入对象"选项，在其级联菜单中选择相应的命令来导入图像。

Step01： 启动Photoshop软件，选择"文件"选项，在打开的下拉列表中，选择"打开"选项，在"打开"对话框中选择本章素材"照片.png"，单击"打开"按钮，打开素材，如图10-2和图10-3所示。

图10-3

Step02： 选中"图层"面板中的"图层1"，按【Ctrl+J】组合键复制一层，如图10-4所示。

图10-4

Step03：在"图层"面板中单击"创建新图层"按钮，新建图层，按【Alt+Delete】组合键填充前景色，如图10-5和图10-6所示。

图10-5

图10-6

Step04：使用相同的方法新建图层，使用"矩形选框工具"在画布上绘制如图10-7所示形状，并用黑色填充颜色，如图10-8所示。

图10-7

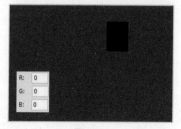

图10-8

Step05：在"图层"面板中选择"图层2"，新建图层，使用"矩形选框工具"在画布上绘制一个稍大的矩形，并用白色填充，效果如图10-9所示。

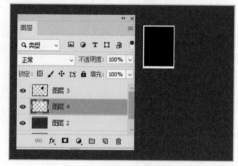

图10-9

Step06：在图层面板中选中"图层4"，单击鼠标右键，在弹出的菜单栏中，选择"混合选项…"，如图10-10所示。

图10-10

Step07：在"图层样式"面板中，勾选"投影"复选框，设置投影效果，如图10-11所示。

图10-11

Step08： 在图层面板中，按住【Ctrl】键，同时选中"图层3"和"图层4"，如图10-12所示。

图10-12

Step09： 按【Ctrl+T】组合键，自由变换"图层3"和"图层4"，效果如图10-13所示。

图10-13

Step10： 将"图层1拷贝"图层移动至最上方，如图10-14所示。

图10-14

Step11： 将鼠标移动至"图层1拷贝"和"图层3"之间，按住【Alt】键，当光标呈箭头形状时，单击鼠标左键创建剪切蒙版，如图10-15所示，结果如图10-16所示。

图10-15

图10-16

Step12： 选中"图层3""图层4""图层1拷贝"图层，单击"图层"面板底部的创建"创建新组"按钮，创建一个新组，如图10-17所示。

图10-17

Step13：选中"组1"，按【Ctrl+J】组合键，复制"组1"，效果如图10-18所示。

图10-18

Step14：展开"组1拷贝"图层，选择"图层3""图层4"，按【Ctrl+T】组合键自由变换，移动并调整图层位置，效果如图10-19所示。

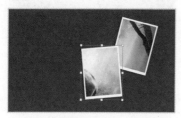

图10-19

Step15：使用相同的方法，复制组并调整图层，如图10-20、图10-21所示。

图10-20

图10-21

Step16：在"图层"面板中选择"图层2"，打开"文件"列表，选择"置入嵌入对象"选项，将"背景.jpg"素材置入，并调整其大小，如图10-22所示。

图10-22

Step17：选中"背景图"图层，单击鼠标右键，选择"栅格化图层"选项，将该层栅格化，如图10-23所示。

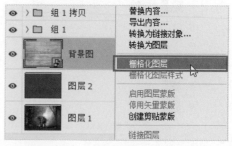

图10-23

Step18：保持"背景图"图层选中状态，使用"加深工具 ⊙."，并在其属性栏中设置好大小，如图10-24所示。在背景中适当涂抹，加深背景，最终效果如图10-25所示。至此，完成趣味照片的制作。

图10-24

图10-25

10.1.3 存储照片调整格式

存储命令可将Photoshop中所绘制的

图像或路径导出到相应的格式。

打开"文件"列表，选择"存储"选项，在弹出的对话框中，设置好文件名称，选择"psd"文件格式，单击"保存"按钮即可完成PSD格式的存储操作，如图10-26所示。

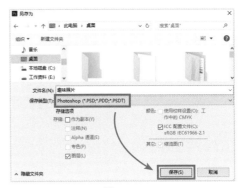

图10-26

🔍 **知识点拨**

将文件保存为JPEG格式

相对于PSD文件来说，JPEG格式的文件更方便携带和预览。在设计作品完成后，所保存的PSD文件往往图层繁杂，占用内存也较多，将其另存为JPEG格式的图片可以省去不少麻烦。用户只需将"保存类型"选择为"JPEG"格式，在打开的对话框中，将图像"品质"设为"最佳"即可，如图10-27所示。

图10-27

10.2 制作火焰字体特效

任何设计中都会运用到文字元素，文字不仅具有说明性，还可以美化图片，增加图片的完整性。在Photoshop软件中，文字工具包括横排文字工具、直排文字工具、横排文字蒙版工具和直排文字蒙版工具。在"文字工具 **T.**"按钮上单击鼠标右键或者按住左键不放，即可显示出该工具组中隐藏的子工具。

10.2.1 创建文字及背景

为了更加吸引人的注意，往往需要一些更独特的文字效果。通过改变文字的颜色，为文字添加粗体、斜体或转换为大写，以及为文字添加上标和下标、下划线和删除线等，能让文字效果更丰富多彩。

Step01： 启动Photoshop应用程序，创建尺寸为800像素×600像素的文档，如图10-28所示。

图10-28

Step02： 设置前景色颜色色值为#000000，从工具箱选择"油漆桶工具 **◇.**"，填充图层，如图10-29所示。

图10-29

Step03： 从工具箱选择"横排文字工具 **T.**"，设置好字体、字号及颜色，字体的参数设置如图10-30所示。设置完成后，输入文本内容，如图10-31所示。

图10-30

图10-31

10.2.2 制作文字特效

调整文字的效果可以设置整个文本的显示样式，也可以针对单个字符进行设置。

扫一扫，看视频

Step01： 双击文字图层打开"图层样式"对话框，勾选"外发光"复选框，设置相关参数，如图10-32所示，效果如图10-33所示。

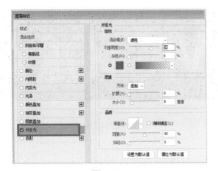

图10-32

图10-33

Step02：在"图层样式"对话框，勾选"颜色叠加"复选框，设置相关参数，如图10-34所示，效果如图10-35所示。

图10-34

图10-35

Step03：在"图层样式"对话框，勾选"光泽"复选框，设置相关参数，如图10-36所示，设置结果如图

10-37所示。

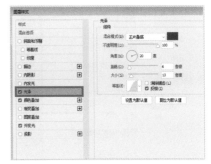

图10-36

图10-37

Step04：在"图层样式"对话框中，勾选"内发光"复选框，设置相关参数，如图10-38所示，设置效果如图10-39所示。

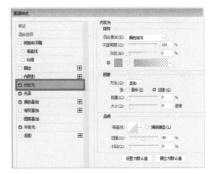

图10-38

图10-39

Step05：鼠标右击文字图层，在弹出的选项卡中选择"栅格化文字"选

项，如图10-40所示，将文字栅格化。

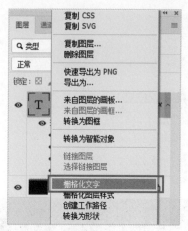

图10-40

Step06：选择"滤镜"选项，在打开的下拉列表中，选择"液化"选项，在弹出的"液化"窗口中设置参数，如图10-41、图10-42所示。

图10-41

图10-42

Step07：在该窗口中，使用"向前变形工具 "，在文字边缘制造波浪，效果如图10-43所示。

图10-43

Step08：选择"文件"选项，在打开的下拉列表中，选择"打开"选项，打开准备好的火焰素材文件，如图10-44所示。

图10-44

Step09：打开"通道"面板，并选中"绿"通道，如图10-45所示。

图10-45

Step10：右击"绿"通道，在弹出的对话框中选择"复制通道"选项，如图10-46所示。

图10-46

Step11： 选中"绿拷贝通道"按住
【Ctrl】键的同时单击鼠标左键，选中
高光部分，如图10-47所示。

图10-47

Step12： 回到图层面板，使用"移
动工具 ✛"，将选区移动到文字中，
并将火焰置于文字层上方，效果如图
10-48所示。

图10-48

Step13： 选中"橡皮擦工具 ✐."，
设置画笔的参数，如图10-49所示。

图10-49

注意事项 用通道载入选区需注意
这里是利用通道来载入选区。在移动
的时候确保所有通道都是可见的，否
则可能移过去的是黑白的。

10.2.3 填充文字色彩效果

选择需要调整颜色和
特效的文字，为其设置
效果。

扫一扫，看视频

Step01： 使用"橡
皮擦工具"擦去多余部
分，留下高光部分，如图10-50所示。

图10-50

Step02： 按照上一步的方法，制作

其他字母的火焰效果，最终的火焰字体
效果如图10-51所示。

图10-51

Step03： 打开准备好的背景素材文
件，如图10-52所示。

图10-52

Step04： 将背景图片放入图层最下
方，如图10-53所示。

图10-53

Step05： 选中"背景木材"图层，
打开"文件"列表，选择 "模糊"选
项，在其级联菜单中选择"高斯模糊"
选项，如图10-54所示。

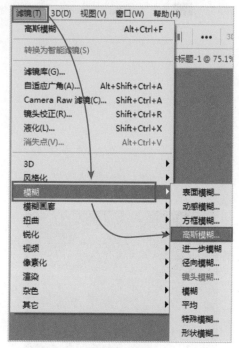

图10-54

Step06： 在"高斯模糊"面板中设
置模糊半径为40，如图10-55所示。

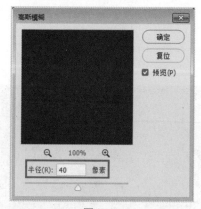

图10-55

Step07： 火焰字体的最终效果如图
10-56所示。

图10-56

🔍 **知识点拨**

文字栅格化
Photoshop软件中的画笔、橡皮擦、渐变等工具以及部分菜单命令，不能直接应用到文字图层中，如果想要应用其效果，必须将文字图层进行栅格化操作。

拓展练习 **生活照变证件照**

在日常生活中有很多地方都需要用到证件照，学会利用自己的手机、电脑和彩色打印机来制作专属于自己的证件照，再也不用跑照相馆了。下面对制作证件照的过程展开介绍。

Step01： 启动Photoshop 软件并打开"照片素材.jpg"图像，如图10-57所示。

图10-57

Step02： 选择"裁剪工具"，在裁剪属性栏中单击"比例"下拉列表，从中选择"宽×高×分辨率"选项，如图10-58所示。

图10-58

Step03： 在属性栏中设置裁剪框的宽度、高度及分辨率，如图10-59所示。

图10-59

Step04： 移动鼠标至裁剪框的任意角，当鼠标指针呈反向箭头时，按住【Shift】键拖动鼠标将裁剪框调整至合适大小，再移动人物头像至裁剪框正中位置，如图10-60所示。

图10-60

Step05： 按【Enter】键完成裁剪操作，如图10-61所示。

图10-61

Step06： 双击"背景"图层弹出"新建图层"对话框，如图10-62所示。

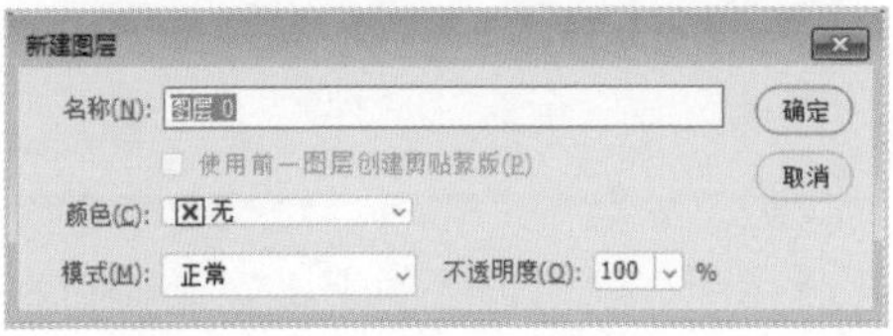

图10-62

Step07： 单击"确定"按钮，"背景"图层会转换为"0"图层，如图10-63所示。

图10-63

Step08： 选择"魔棒"工具，设置容差值为5，单击人物背景的白色区域创建选区，如图10-64所示。

图10-64

Step09： 按【Delete】键删除选区内容，再按【Ctrl+D】组合键取消选区，如图10-65所示。

图10-65

Step10： 新建图层"1"，并将其拖动到图层"0"下层，如图10-66所示。

图10-66

Step11： 设置前景色为"青色"■，按【Alt+Delete】组合键填充图层颜色，如图10-67所示。

图10-67

Step12：单击图层面板右侧的扩展图标 ≡，在展开的列表中选择"拼合图像"命令，将所有图层拼合。

Step13：打开菜单栏中的"图像"列表中选择"画布大小"选项，在弹出的"画布大小"对话框中设置宽高为0.1厘米，勾选"相对"复选框，画布扩展之后的效果如图10-68所示。

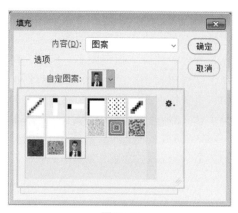

图10-69

Step16：单击"确定"按钮关闭对话框，完成图案填充操作，如图10-70所示。

图10-68

Step14：选择"编辑"选项，在打开的下拉列表中，选择"定义图案"选项，设置图像为填充图案。

Step15：新建"个人证件照"文档，设置图像尺寸为10.4厘米 × 7.2厘米，在"编辑"列表中选择"填充"选项，打开"填充"对话框，从中选择自定义图案，如图10-69所示。

图10-70

Step17：按【Ctrl+Shift+S】组合键，将文本以JPEG的格式保存。

职场答疑Q&A

1. Q：编辑图像文件时，图像大小不合适该怎么设置呢？

A：文档打开后，若想修改图像大小，可以选择"图像"选项，在打开的下拉列表中，选择"图像大小"选项，打开"图像大小"对话框进行修改。

2. Q：如何调整画布的大小呢？

A：画布是显示、绘制和编辑图像的工作区域。画布大小是指当前图像周围工作空间的大小，对画布尺寸进行调整可以在一定程度上影响图像尺寸的大小。放大画布时，会在不影响原有的图像基础上，在图像四周增加空白区域；

缩小画布时，则会裁剪掉不需要的图像边缘。在菜单栏中选择"图像"选项，在其列表中选择"画布大小"选项，将弹出"画布大小"对话框，在该对话框中可设置扩展图像的宽度和高度，并能对扩展区域进行定位。

3. Q：如何设置排列图像窗口？

A： 当同时打开多个图像时，图像窗口会以层叠的方式显示，但这样不利于图像的显示查看，这时可以通过排列操作来规范图像的摆放方式，以美化工作界面。打开菜单栏中的"窗口"列表，在其列表中选择"排列"选项，并在其级联菜单中选择图像排列方式。

4. Q：图像的分辨率和像素是什么？

A： 像素（Pixel）是用来表示数码影像的一种单位，若把影像放大数倍，会发现这些连续色调其实是由许多色彩相近的小方点所组成的，这些小方点就是构成影像的最小单位"像素"。在PS中，像素是组成图像的基本单元，一个图像由许多像素组成，每个像素都有不同的颜色值，单位面积内的像素越多，图像效果就越好。每个小方块为一个像素，也可以称为栅格。简单说起来，像素就是图像的点的数值，点画成线，线画成面。

分辨率（resolution）即指屏幕图像的精密度，是指显示器所能显示的像素的多少。由于屏幕上的点、线和面都是由像素组成的，显示器可显示的像素越多，画面就越精细，同样的屏幕区域内能显示的信息也越多，所以分辨率是个非常重要的性能指标之一。图像的分辨率可以改变图像的精细程度，直接影响图像的清晰度，也就是说图像的分辨率越高，图像的清晰度也就越高，图像占用的存储空间也越大。

第 **11** 章
绘图与编辑工具的应用

内容导读

利用工具进行绘图是Photoshop最重要的功能之一，只要用户熟练掌握这些工具并有一定的美术造型能力，就能绘制出与纸上绘画相媲美的作品来。在平面设计过程中经常会用到一些绘图工具，熟练掌握这些工具相当重要。

案例效果

制作森林暮色效果

制作立体书效果

制作环保宣传立体字

11.1 制作森林暮色效果

下面将利用画笔、油漆桶等工具制作一个合成的森林暮色效果，其中涉及的知识点包含钢笔工具、选区等。

11.1.1 利用钢笔工具绘制图形

钢笔工具是绘图软件中用来创建路径的工具，创建完成后还可进行再编辑，属于矢量绘图工具，使用它可以精确绘制出直线或平滑的曲线。

扫一扫，看视频

Step01： 打开本章所需的素材文件，如图11-1所示。

图11-1

- - - - - 🔍 **知识点拨** - - - - -

钢笔工具的应用

选择"钢笔工具 ⬙"，在图像中单击创建路径起点，此时图像中会出现一个锚点，沿图像中需要创建路径的图案轮廓方向单击并按住鼠标不放向外拖动，让曲线贴合图像边缘，直到当光标与创建的路径起点相连接，路径才会自动闭合。

Step02： 打开菜单栏中的"图像"列表，选择"调整"选项，并在其级联菜单中选择"去色"选项，为图片去色，如图11-2所示。去色效果如图11-3所示。

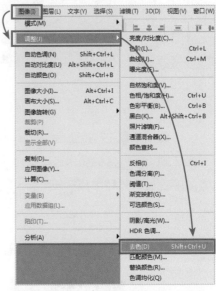

图11-2

图11-3

Step03： 在工具箱中选择"钢笔工具"，沿比较靠前的数目创建路径，如图11-4所示。

- - - - - 🔍 **知识点拨** - - - - -

羽化功能的应用

使用羽化功能，可以将选区内外衔接部分虚化，起到渐变的作用，从而达到自然衔接的效果。

图11-4

Step04: 单击鼠标右键，在弹出的快捷菜单中选择"建立选区"选项，如图11-5所示，设置羽化半径为0，如图11-6所示。

图11-5

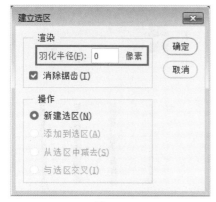

图11-6

Step05: 按【Ctrl+J】组合键创建新的图层，效果如图11-7所示。

图11-7

Step06: 按照此方法创建多个图层，如图11-8所示。

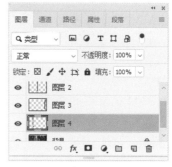

图11-8

Step07: 复制"背景"图层，设置前景色为黑色，如图11-9、图11-10所示。

图11-9

图11-10

11.1.2 使用画笔工具绘制深色区域

使用"画笔工具"可以绘制出多种图形。在"画笔预设"选取器中所选择的画笔决定了绘制效果，并且画笔工具默认使用前景色进行绘制。

扫一扫，看视频

Step01： 在工具箱中选择"画笔工具"，并在属性栏中设置笔触大小、不透明度及流量，如图11-11、图11-12所示。

图11-11

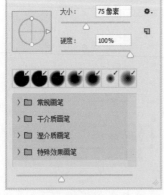

图11-12

Step02： 设置完成后，利用画笔绘制色调较深的区域，如图11-13所示。

图11-13

🔍 **知识点拨**

画笔工具的应用

在使用画笔工具绘制颜色时，可以在选项栏中调整不透明度和流量数值，使笔触更自然。

Step03： 选中"背景"图层和"背景 拷贝"图层，单击图层左侧眼睛图标，将两个图层隐藏，如同11-14、图11-15所示。

图11-14

图11-15

Step04：利用"画笔工具"对复制出的树木图形分别进行描黑处理，如图11-16所示。

图11-16

Step05：取消隐藏图层，画笔绘制之后的效果如图11-17所示。

图11-17

Step06：选择"背景"图层，设置前景色为白色，效果如图11-18所示。

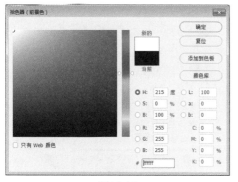

图11-18

Step07：再选择画笔工具，设置画笔的参数、流量、透明度等，如图11-19所示，为背景中绘制出白雾效果，效果如图11-20所示。

图11-19

图11-20

Step08：打开鹿素材图，如图11-21所示，利用钢笔工具创建路径，如图11-22所示。

图11-21

图11-22

Step09： 在图片上右击鼠标，在弹出的菜单中选择"建立选区"，效果如图11-23所示。

图11-23

11.1.3 制作鹿填充效果

对图像的创作和编辑离不开图层。因此对图层的基本操作必须熟练掌握，下面来制作填充图层的效果。

扫一扫，看视频

Step01： 选择移动工具，将选中的鹿图形拖拽到素材背景文档中，效果如图11-24所示。

图11-24

Step02： 按【Ctrl+T】组合键对图像进行自由变换，并调整到合适的位置，如图11-25所示。

图11-25

Step03： 按住【Ctrl】键单击鹿图层缩览图载入选区，选择选框工具，再单击鼠标右键，在弹出的快捷菜单中选择"填充"选项，如图11-26设置前景色为黑色，用黑色填充选区，如图11-27所示。

图11-26

图11-27

Step04: 按照此方法制作其他造型

的鹿图形，最终效果如图11-28所示。

图11-28

11.2 制作立体书效果

如何把一张海报变成立体书的效果呢？本案例就是利用滤镜功能来制作立体书效果，下面讲解具体操作方法。

11.2.1 消失点滤镜制作立体书封面

让海报变成书籍的方法有很多种，本案例讲解的是用消失点来制作书籍的效果，具体操作步骤如下。

Step01: 启动Photoshop应用程序，打开素材文档，如图11-29所示。

图11-29

Step02: 在图层面板中，双击"背景"层，在打开"新建图层"对话框

中，单击"确定"按钮，将其转换为"图层0"，如图11-30所示。

图11-30

Step03: 新建"图层1"，用十建立透视面，如图11-31所示。

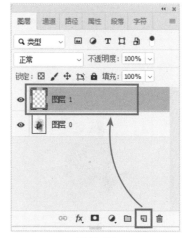

图11-31

Step04: 选择"图层0"，在菜单中选择"滤镜"选项，并在其列表中选择"消失点"选项，如图11-32所示。

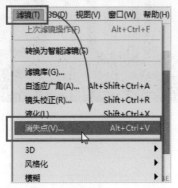

图11-32

Step05: 在打开的"消失点"窗口中，单击"创建平面工具"按钮，创建立体书4个点，根据近大远小调整透视的效果，单击"确定"按钮，如图11-33、图11-34所示。

图11-33

图11-34

Step06: 按【Ctrl】键单击封面素材载入选区，如图11-35所示。

图11-35

Step07: 按【Ctrl+C】快捷键复制，选择"图层1"，如图11-36所示，按【Ctrl+D】快捷键，取消选区，效果如图11-37所示。

图11-36

图11-37

Step08：再次打开"消失点"窗口，按【Ctrl+V】快捷键复制，如图11-38所示，按【T】快捷键调整图像的效果，直到满足需求，效果如图11-39所示。

> **注意事项** **消失点功能的操作**
> 在将素材拖进"消失点"之前，需要先载入选区进行复制。打开"消失点"对话框后，使用"创建平面工具"绘制四边形，按【Ctrl+V】组合键进行粘贴，按【T】键可对载入图形的大小进行调整。

图11-38

图11-39

Step09：单击"确定"按钮，并隐藏"图层0"，如图11-40、图11-41所示。

图11-40

图11-41

Step10：选择"图像"选项，在打开的下拉列表中，选择"画布大小"选项，设置相关参数，如图11-42所示，调整图像位置，效果如图11-43所示。

图11-42

图11-43

Step11： 新建图层2，将其放置在图层1下方，如图11-44所示。

图11-44

Step12： 为"图层2"填充颜色，如图11-45所示

图11-45

11.2.2 制作书脊透视效果

在Photoshop中，渐变工具是用来对图像填充渐变的颜色，如果图像中没有选区，渐变色会填充

扫一扫，看视频

到当前图层上；如果图像中有选区，渐变色会填充到选区当中。

Step01： 新建图层，使用钢笔工具勾勒书脊，如图11-46所示，建立选区，效果如图11-47所示。

图11-46

图11-47

Step02： 选择"渐变工具"，如图11-48所示，单击选项栏中的"点按可编辑渐变"，打开"渐变编辑器"对话框，如图11-49所示。

图11-48

图11-49

Step03：选取书籍下方的一个点，
按住鼠标左键向上拉出渐变的线，如图
11-50所示，效果如图11-51所示。

图11-50

图11-51

11.2.3 制作书脊底面与阴影效果

Step01：使用以上
同样的方法添加书底面
的效果，如图11-52
所示。

扫一扫，看视频

图11-52

Step02：在"图层2"上方创建
"图层5"，用钢笔勾勒阴影部分，填
充为黑色，如图11-53、图11-54所示。

图11-53

图11-54

Step03：选择"滤镜"选项，在打开的下拉列表中，选择"模糊"选项，并在其级联菜单中选择"高斯模糊"选项，选择适合参数即可，如图11-55、图11-56所示。

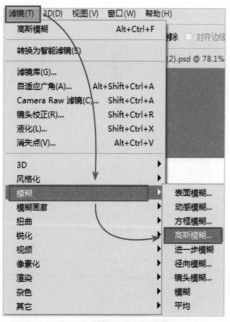

图11-55

注意事项 高斯模糊

高斯模糊可以根据需要设置合适的参数，使过渡更柔和。

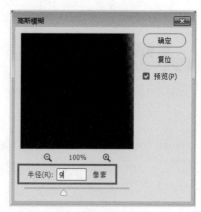

图11-56

Step04：设置完成后，效果如图11-57所示。至此，完成立体书效果的制作。

图11-57

Step05：在"图层"面板中选中"图层2"，打开菜单栏中的"文件"列表，选择"置入嵌入对象"选项，在弹出的"置入嵌入的对象"对话框中选中本章素材"铅笔.jpg"，单击"置入"按钮，如图11-58所示。

图11-58

Step06: 使用"裁剪工具"，裁剪画布至置入素材的边缘，按【Enter】键裁剪画布，如图11-59所示。

图11-59

Step07: 在"图层"面板中选中铅笔图层上所有图层，按【Ctrl+T】组合键自由变换，调整至合适大小与位置，按【Enter】键应用，如图11-60所示。

图11-60

Step08: 在"图层"面板中选择铅笔图层上所有图层，按【Ctrl+Alt+E】组合键盖印图层，如图11-61所示。

图11-61

Step09: 在"图层"面板中隐藏铅笔图层与图层1（合并）之间的所有图层，使用橡皮工具擦出铅笔轮廓，如图11-62所示。

图11-62

11.3 制作环保宣传立体字

在制作宣传册或者是海报的时候，通常需要使用特效字体来突出主题，该怎么设置呢？下面以环保特效字体为例，来介绍具体操作方法。

11.3.1 制作文字背景

制作文字背景效果要根据宣传主题或者根据文字的效果来进行搭配。

扫一扫，看视频

Step01: 启动Photoshop应用程序，创建尺寸为1000像素×800像素的文档，新建"图层1"，如图11-63所示。

图11-63

🔍 **知识点拨**

复制图层快捷键
选中要复制的图层，按【Ctrl+J】组合键即可复制图层。

Step02： 设置前景色颜色色值为 #8edbec，从工具箱选择油漆桶工具，填充图层，如图11-64所示。

图11-64

Step03： 从工具箱选择"横排文字工具"，设置字体、字号及颜色，再输入文本内容，如图11-65所示。

图11-65

Step04： 字体的具体参数设置如图11-66所示。

图11-66

🔍 **知识点拨**

打开字符面板的操作
输入文字后，打开菜单栏中的"窗口"列表，选择"字符"选项，打开"字符"面板，可对输入的文字属性进行调整。

Step05： 按【Ctrl+J】组合键复制文字图层，如图11-67所示。

图11-67

Step06： 双击原始文字图层打开"图层样式"对话框，勾选"投影"复选框，设置相关参数，如图11-68所示。

图11-68

Step07： 在"图层"面板中，右击图层样式，在弹出的快捷菜单中选择"拷贝图层样式"选项，再右击文字拷贝图层，粘贴图层样式，如图11-69所示。

图11-69

Step08： 粘贴图层样式后的效果如图11-70所示。

图11-70

11.3.2 制作立体字特效

在制作图像时，为了更加吸引人，往往需要一些更独特的文字效果。下面将对文字添加一些特殊效果。

扫一扫，看视频

Step01： 按住【Ctrl】键选择文字拷贝图层，创建文字选区，如图11-71所示。

图11-71

Step02： 新建图层，设置前景色为白色。选择选区工具，在绘图区单击鼠标右键，在弹出的快捷菜单中选择"描边"选项，如图11-72所示。

图11-72

Step03： 打开"描边"对话框，设置描边宽度为"6像素"，再选择"居中"选项，如图11-73所示。

图11-73

Step04： 设置完成后，描边效果如图11-74所示。

图11-74

11.3.3 添加点缀效果

文字蒙版工具与文字工具性质完全不同，使用文字蒙版工具可以创建未填充颜色的以文字为轮廓边缘的选区。用户可以为文字型选区填充渐变颜色或图案，以便制作出更多的文字效果。

扫一扫，看视频

Step01： 打开绿叶素材图片，如图11-75所示。

图11-75

Step02： 选择"编辑"选项，在打开的下拉列表中，选择"定义图案"选项，打开"图案名称"对话框，输入名称，如图11-76所示。

图11-76

Step03： 双击文字拷贝图层，打开"图层样式"对话框，勾选"图案叠加"复选框，选择图案类型并设置缩放比例，如图11-77所示。

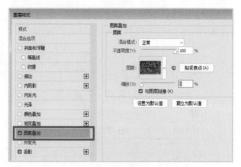

图11-77

Step04： 设置后，其效果如图11-78所示。

图11-78

Step05： 分别打开树枝和彩色小鸟的素材如图11-79、图11-80所示。

图11-79

图11-80

Step06： 将小鸟和树枝素材放入文件中，如图11-81所示。

图11-81

Step07： 按【Ctrl+T】快捷键，调整图层大小，并将其放置在合适的位置，如图11-82所示。

图11-82

Step08： 调整图层位置，让树枝图层显示在描边图层下方，并设置图片素材的阴影效果，如图11-83所示。

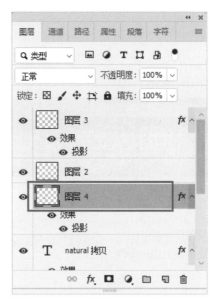

图11-83

Step09： 在"图层"面板中选择"图层2"，将本章素材"叶.jpg"置入图层中，调整大小与位置，如图11-84所示。

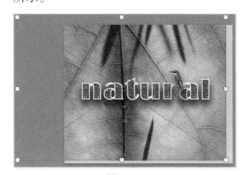

图11-84

Step10： 使用"裁剪工具"，裁剪画布至合适大小，按【Enter】键应用，如图11-85所示。

图11-85

Step11: 使用"矩形工具"在图像编辑窗口中绘制矩形，如图11-86、图11-87所示。至此，完成环保宣传立体字的制作。

图11-87

图11-86

拓展练习　制作水滴字效果

根据设计需求不同，字体的设计也略有不同。在设计水滴文字效果时，要注意水滴的流动性，这样看起来会更加自然。

Step01: 启动Photoshop 软件并打开素材图像，如图11-88所示。

图11-88

Step02: 利用文字工具创建文本内容，如图11-89所示。

图11-89

Step03: 复制图层，将复制后的图层栅格化文字。再利用画笔和涂抹工具，对文字进行涂抹，如图11-90所示。

图11-90

Step04: 设置文字图层的填充不透明度为0%，如图11-91所示。

图11-91

Step05： 为图层添加混合模式，设置斜面和浮雕，参数如图11-92所示，效果如图11-93所示。

图11-92

图11-93

Step06： 设置内阴影效果，参数如图11-94所示。

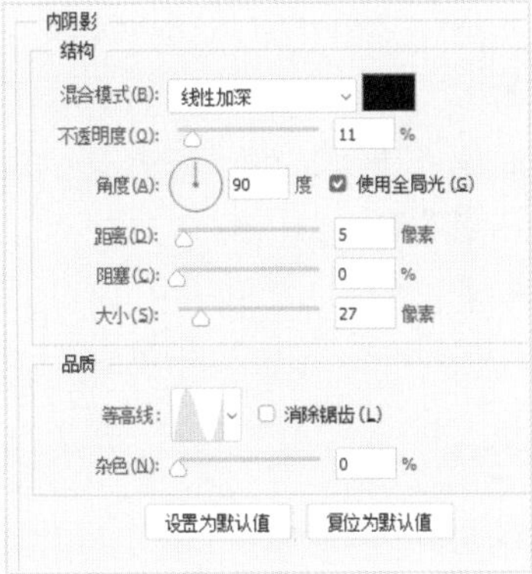

图11-94

Step07： 设置内发光效果，参数和效果如图11-95、图11-96所示。

图11-95

图11-96

Step08： 设置投影效果，参数和最终效果如图11-97、图11-98所示。

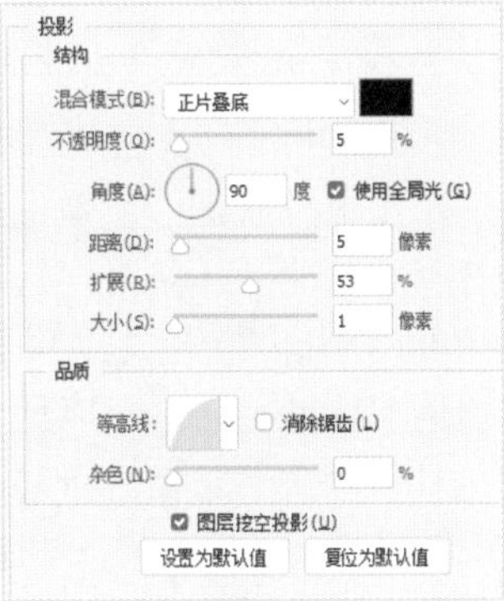

图11-97

图11-98

职场答疑Q&A

1. Q：如何使用魔术橡皮擦工具？

A： 魔术橡皮擦工具 是魔术棒工具和背景橡皮擦工具的结合，可以将一定容差范围内的背景颜色全部清除而得到透明区域。单击魔术橡皮擦工具，在属性栏中可以设置其参数。使用魔术橡皮擦工具可以一次性擦除图像或选区中颜色相同或相近的区域，让擦除部分的图像呈透明效果。

2. Q：油漆桶工具的作用是什么？

A： 油漆桶与渐变工具同样是填充颜色的，但是油漆桶只填充颜色。在填充颜色时，使用"油漆桶工具"可以在选区中填充颜色，也可以在图层图像上单击鼠标填充颜色，单击油漆桶工具 ，属性栏中将显示油漆桶工具的参数选项。

3. Q：怎样将文字转换为工作路径？

A： 在图片中输入文字后，选择文字图层，单击鼠标右键，从弹出的快捷菜单中选择"创建工作路径"选项，即可将输入的文字转换为文字形状的路径。转换为工作路径后，可以使用"路径选择工具"对文字路径进行移动，调整工作路径的位置。同时还能按【Ctrl+Enter】组合键将路径转换为选区，这样可以让文字在文字型选区、文字型路径以及文字型形状之间进行相互转换，变换出更多效果。

4. Q：想要沿路径输入文字该怎么操作呢？

A： 沿路径输入文字的字面意思就是让文字跟随某一条路径的轮廓形状进行排列，有效地将文字和路径结合，在很大程度上扩充了文字带来的视觉效果。选择钢笔工具或形状工具，在属性栏中选择"路径"选项，在图像中绘制路径，然后使用文本工具，将鼠标指针移至路径上方，当鼠标变为 形状时，在路径上单击鼠标左键，此时光标会自动吸附到路径上，即可输入文字。

5. Q：变形文字该如何设置？

A： 在"文字"列表中选择"文字变形"选项，或单击工具选项栏中的"创建文字变形"按钮 ，其中，"水平和垂直"选项主要用于调整变形文字的方向；"弯曲"选项用于指定对图层应用的变形程度；"水平扭曲和垂直扭曲"选项用于对文字应用透视变形。结合"水平"和"垂直"方向上的控制以及弯曲度的协助，可以为图像中的文字增加许多效果。

第 12 章

图层与通道的应用

内容导读

本章主要针对图层与通道的应用进行讲解。图层是Photoshop软件操作的基础，通道用于存储图像颜色和选区等不同类型的信息。学习图层和通道的用法，可以帮助用户更好地处理图像。

案例效果

制作美妙的剪影效果

制作人物双重曝光效果

制作冰鲜水果

12.1 制作美妙的剪影效果

剪影效果是一种艺术效果，在制作时需要创建多个图层。下面将绘制一张漂亮的剪影图，其中所应用到的图层命令有：新建图层、添加图层样式等。

12.1.1 创建多个画布图层

Photoshop软件中，一个图像通常由多个图层组成，在不同的图层中放置对象，即可组成完整的图像。下面将创建多个画布图层。

扫一扫，看视频

Step01： 打开Photoshop软件，在菜单栏中，选择"文件"选项，在打开的下拉列表中，选择"新建"选项，在"新建文档"对话框中设置参数，单击"新建"按钮即可创建一张空白文件，如图12-1所示。

图12-1

Step02： 在"图层"面板中单击"创建新图层" 按钮，新建图层，如图12-2所示。

图12-2

Step03： 使用"渐变工具" ，在选项栏中单击"点按可编辑渐变"， 在弹出的"渐变编辑器"对话框中设置颜色，如图12-3所示。

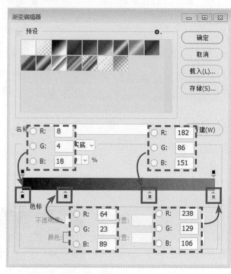

图12-3

Step04： 设置完成后，单击"确定"按钮，移动鼠标至图像编辑窗口，在合适位置单击并拖拽绘制渐变效果，如图12-4所示。

图12-4

Step05： 在"图层"面板中单击"创建新图层"按钮，新建图层，按【Alt+Delete】组合键填充前景色，如

图12-5所示。

R: 255
G: 255
B: 255

图12-5

🔍 **知识点拨**

前景色和背景色

在Photoshop软件中，用户可以通过前景色和背景色来填充颜色。按【Alt+Delete】组合键可以快速为选中的图层或选区填充前景色；按【Ctrl+Delete】组合键可以快速为选中的图层或选区填充背景色。

Step06：使用"钢笔工具" ✐，在图像编辑窗口中绘制如图12-6所示的路径。

图12-6

Step07：在"路径"面板中单击"将路径作为选区载入" ⭕ 按钮，将路径转换为选区，如图12-7所示，结果如图12-8所示。

路径

工作路径

图12-7

图12-8

Step08：按【Delete】键删除选框中的内容，如图12-9所示。按【Ctrl+D】组合键取消选区。

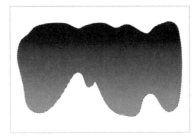

图12-9

Step09：使用相同的方法，制作多层镂空图层，如图12-10～图12-12所示。为便于观看，这里颜色设置差别比较明显。

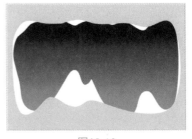

图12-10

图12-11

图12-12

🔍 **知识点拨**

图层按钮组

🔗 *fx* ▣ ◑ 🗀 🗐 🗑 ：图层面板
底端的7个按钮分别是：链接图层、
添加图层样式、添加图层蒙版、创建
新的填充或调整图层、创建新组、创
建新图层、删除图层，它们是图层操
作中常用的命令。

12.1.2 添加图层样式

图层样式可以快速地改变图层外
观，制作多种多样的效果。

Step01： 在"图层"面板中，选中
图层3，按住【Ctrl】键单击"图层"面
板中"图层3"的缩略图，创建选区，
如图12-13所示。设置完成后，效果如
图12-14所示。

图12-13

图12-14

Step02： 设置前景色为白色，按
【Alt+Delete】组合键为选区填充白
色，如图12-15所示。

图12-15

Step03： 使用相同的方法，将图层
4和图层5填充为白色，结果如图12-16
所示。

图12-16

Step04： 在"图层"面板中选中
"图层2"，双击图层名称右侧的空白
区域，打开"图层样式"对话框。在
"样式"列表中，勾选"投影"复选

框，设置参数，如图12-17所示。

图12-17

Step05： 在图像编辑窗口中预览效果，如图12-18所示。

图12-18

Step06： 使用相同的方法，为其余几张镂空图像添加图层样式，如图12-19所示。

图12-19

12.1.3 制作动植物剪影

制作完成背景后，就可以添加动植物剪影丰富画面。

Step01： 在"文件"选项列表中，选择"置入

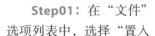

扫一扫，看视频

嵌入对象"选项，弹出"置入嵌入的对象"对话框，如图12-20所示。

图12-20

Step02： 选中本章素材"鹿.png"，单击"确定"按钮，将素材置入文档中，调整大小，如图12-21所示。

图12-21

Step03： 在"图层"面板中选中"鹿"图层，单击鼠标右键，在弹出的菜单栏中选择"栅格化图层"选项，将图层栅格化，如图12-22所示。

图12-22

Step04：按住【Ctrl】键单击"图层"面板中"鹿"图层缩略图，创建选区，如图12-23所示。

图12-23

Step05：在菜单栏中选择"选择"选项，从中选择"修改"选项，并在其级联菜单中选择"扩展"选项，如图12-24所示。

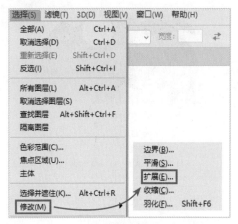

图12-24

Step06：在"扩展选区"对话框中设置"扩展量"为"1像素"，如图12-25所示。

图12-25

Step07：设置前景色为白色，按

【Alt+Delete】组合键填充选区，如图12-26所示。按【Ctrl+D】组合键取消选区。

图12-26

Step08：在"图层"面板中选中"鹿"图层，双击图层名称右侧的空白区域，打开"图层样式"对话框，设置"投影"参数，如图12-27所示。

图12-27

Step09：在"图层"面板中选中"鹿"图层，按住并拖拽其移动至"图层5"下方，如图12-28所示。

图12-28

Step10： 在图像编辑窗口中选中鹿，按【Ctrl+T】组合键自由变换对象，单击鼠标右键，在弹出的菜单栏中选择"水平翻转"命令，调整至合适位置，如图12-29所示，制作效果如图12-30所示。

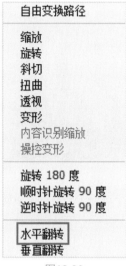

图12-29

图12-30

Step11： 使用相同的方法，制作兔子和树的剪影，效果如图12-31所示。至此完成美妙的剪影效果制作。

图12-31

12.2 制作人物重曝效果

多重曝光本身是摄影中的一种拍摄方法，是采用两次或多次曝光，使照片融合为一个单独的具有独特视觉效果的照片。使用Photoshop软件可以模拟多重曝光效果，制作更为丰富的视觉感受，下面将进行介绍。

12.2.1 人物抠像

Photoshop软件中，抠选人物素材有多种方法，通过抠选可以得到单独的人物素材，方便后期的制作，下面将进行人物抠像的操作。

Step01： 打开"文件"列表，选择"打开"选项，弹出"打开"对话框，如图12-32所示。

图12-32

Step02： 在"打开"对话框中选中

要所需素材，单击"打开"按钮，打开文件，如图12-33所示。

图12-33

Step03：选中人像图层，按【Ctrl+J】组合键复制一层。利用工具箱中的"魔棒工具" 🖊 和"套索工具" ⚲，并将选取模式设为"添加到选区 🔳"模式。选中背景，如图12-34所示。

图12-34

Step04：按【Delete】键删除选区内容，单击"背景"图层前的"指示图层可见性" 👁 按钮，隐藏背景图层，如图12-35所示。

图12-35

Step05：使用相同的办法抠选建筑与森林素材，如图12-36、图12-37所示。

> **注意事项** 使用多中选取工具抠图
> 在抠选图像素材时，可以综合使用多种选区工具，调整选区细节。

图12-36

图12-37

12.2.2 制作背景图层

素材抠选完成后，就可以将所有的素材放置至新文档中，下面新建一个文档作为背景。

扫一扫，看视频

Step01：打开"文件"列表，选择"新建"选项，弹出"新建文档"对话框，设置新建文档的宽度和高度为"800px"，分辨率为"300"，如图12-38所示。完成后单击"创建"按钮。

图12-38

Step02： 打开抠选的人物素材，按住并拖拽至新建的文档中，如图12-39所示。

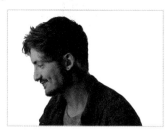

图12-39

Step03： 使用相同的方法，将建筑素材和森林素材拖拽至新建文档中，如图12-40所示。按【Ctrl+T】组合键自由变换对象，调整至合适大小和位置，如图12-41所示。

图12-40

图12-41

Step04： 在"图层"面板中双击图层名字进行修改，以方便后期选择，如图12-42所示。

图12-42

12.2.3 涂抹背景

素材置入后，就可以添加图层蒙版来融合图像，下面将添加图层蒙版。

Step01： 在"图层"面板中选中"人像"图层，按住【Ctrl】键单击"人像"图层缩略图，创建选区，单击"图层"面板底部的"添加图层蒙版"■按钮，从选区创建蒙版，结果如图12-43所示。

图12-43

Step02：在"图层"面板中选中蒙版缩略图，按住【Alt】键拖拽至"森林"图层和"建筑"图层上，如图12-44所示。

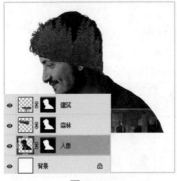

图12-44

Step03：在"图层"面板中选中人物蒙版缩略图，设置前景色为黑色，单击工具箱中的"画笔工具" ✐ 按钮，在工具栏中设置不透明度为"100%"，在图像编辑窗口中合适位置涂抹，效果如图12-45所示。

图12-45

🔍 知识点拨

设置画笔不透明度
画笔不透明度的数值可以根据实际素材进行调整，在涂抹的过程中也可以随时调整来创建更自然的效果。

Step04：在"图层"面板中选中森林蒙版缩略图，设置前景色为黑色，单击工具箱中的"画笔工具" ✐ 按钮，在工具栏中设置不透明度为"50%"，在图像编辑窗口中合适位置涂抹，效果如图12-46所示。

图12-46

Step05：使用相同的方法，涂抹建筑素材，效果如图12-47所示。

图12-47

Step06：在"图层"面板中选中建筑蒙版缩略图，设置前景色为白色，单击工具箱中的"画笔工具" ✐ 按钮，在工具栏中设置不透明度为"100%"，在图像编辑窗口中合适位置涂抹使建筑顶端显现，效果如图12-48所示。

图12-48

12.2.4 创建特效图层

素材融合完成后，可以对其添加一些特效来修饰图像。接下来将创建特效图层。

扫一扫，看视频

Step01： 在"图层"面板中选中图层"建筑""森林""人像"，按【Ctrl +Alt+E】组合键盖印图层，效果如图12-49所示。

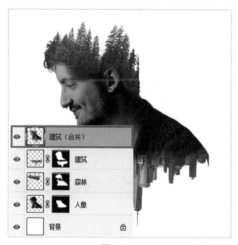

图12-49

Step02： 选中盖印的图层，按【Ctrl+J】组合键复制一层，按【Ctrl+T】组合键自由变换，调整大小和位置后按【Enter】键应用，在"图层"面板中设置不透明度为"20%"，

效果如图12-50所示。

图12-50

Step03： 单击"图层"面板底部的"创建新的填充或调整图层" 按钮，在弹出的菜单栏中选择"渐变映射"命令，在"图层"面板中新建调整图层，如图12-51所示。

图12-51

Step04： 选中"渐变映射1"图层，打开"文件"列表，选择"属性"选项，打开"属性"面板，如图12-52所示。

图12-52

Step05： 单击"属性"面板中的色条，打开"渐变编辑器"对话框，设置渐变颜色，如图12-53所示，效果如图12-54所示。

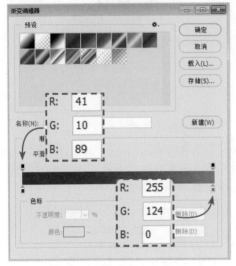

图12-53

图12-54

Step06： 单击工具箱中的"矩形工具" ⬜ 按钮，在工具栏中设置填充为"无"，描边白色，在图像编辑窗口，按住【Shift】键绘制矩形，如图12-55所示。

图12-55

Step07： 单击"图层"面板底部的"创建新图层" 🔲 按钮，新建图层，使用"钢笔工具" ✒ 绘制路径，如图12-56所示。

图12-56

Step08： 设置前景色颜色，在图像编辑窗口中单击鼠标右键，在弹出的菜单栏中选择"填充路径"选项，弹出"填充路径"对话框，设置"内容"为"前景色"，如图12-57所示。单击"确定"按钮，效果如图12-58所示。

图12-57

R: 172
G: 85
B: 13

图12-58

Step09： 单击工具箱中的"横排文字工具" **T** 按钮，设置喜欢的字体字号，在图像编辑窗口中单击并输入文字，效果如图12-59所示。

图12-59

至此，完成人物重曝效果的制作。

12.3 制作冰鲜水果

像冰块之类的半透明物体，可以通过Photoshop软件中的通道和图层蒙版结合进行抠图。下面将通过在冰块中添加水果来介绍抠图的具体操作。

12.3.1 使用通道抠图

通道可以存储图像的颜色信息，也可以存储图像中的选区。下面介绍如何使用通道抠图。

扫一扫，看视频

Step01： 打开本章素材文件"冰块.jpg"，如图12-60所示。按【Ctrl+J】组合键复制一层。

图12-60

Step02：在菜单栏中打开"窗口"列表，从中选择"通道"选项，打开"通道"面板，如图12-61所示。

图12-61

Step03：在"通道"面板中单击"红"通道，按住并拖拽至"通道"面板底部的"创建新通道" 🖺 按钮上，复制"红"通道，如图12-62所示。

图12-62

Step04：按住【Ctrl】键单击"通道"面板中"红 拷贝"缩略图，载入选区，如图12-63所示。

图12-63

Step05：单击"通道"面板中的"RGB"通道，打开"图层"面板，单击"图层"面板底部的"添加图层蒙版" 🔳 按钮，为"图层1"添加图层蒙版，如图12-64所示，隐藏"背景"图层，效果如图12-65所示。

图12-64

图12-65

Step06：按住【Alt】键单击图层蒙版缩略图，进入蒙版编辑状态，如图12-66所示。

图12-66

Step07：选择"画笔工具" ，设置"前景色"为"黑色"，在背景上涂抹，效果如图12-67所示。

图12-67

Step08：单击"图层"面板中的"图层1"图层，退出蒙版编辑状态，效果如图12-68所示。

图12-68

Step09：选择"加深工具"，设置

范围为"中间调"，曝光度为"50%"，在冰块中心部位涂抹，效果如图12-69所示。

图12-69

12.3.2 添加水果素材

冰块素材抠选完成后，就可以添加水果素材。下面介绍具体操作方法。

扫一扫，看视频

Step01：在"图层"面板中单击背景图层前的方框，显示背景图层，如图12-70所示。

图12-70

Step02：选中背景图层，打开"文件"列表，选择"置入嵌入对象"选择，在"置入嵌入的对象"对话框中选中本章素材"水果1.png"，单击"置入"按钮，将素材文件置入，如图12-71所示。

图12-71

Step03：按住【Shift】键等比例缩放置入的素材，完成后按【Enter】键置入，如图12-72所示。

图12-72

Step04：使用相同的方法置入并调整本章素材"水果2.png""水果3.png"和"水果4.png"的大小及位置，效果如图12-73所示。至此，完成冰鲜水果效果的制作。

图12-73

拓展练习　黑白照片上色

下面将利用图层相关的功能，来为黑白照片进行上色操作。

Step01：启动Photoshop软件，打开素材文件，如图12-74所示，按【Ctrl+J】组合键复制一层。

图12-74

Step02：单击"图层"面板底部的"创建新的填充或调整图层" 按钮，在弹出的菜单栏中选择"色彩平衡"选项，在"图层"面板中新建调整图层，如图12-75所示。

图12-75

Step03：选中"色彩平衡1"图层，打开"文件"列表，选择"属性"选项，打开"属性"面板，调整色彩平衡参数，如图12-76所示。

图12-76

Step04： 在"图层"面板中选中图层"色彩平衡1"的蒙版缩略图，设置背景色为黑色，按【Ctrl+Delete】组合键填充黑色，如图12-77所示。

图12-77

Step05： 设置前景色为白色，使用"画笔工具" ，在人物头发处涂抹，效果如图12-78所示。

图12-78

Step06： 使用相同的方法，新建调整图层"色彩平衡 2"，在"属性"面板中设置参数，如图12-79所示。填充蒙版为黑色，并使用白色画笔涂抹出皮肤部位，效果如图12-80所示。

图12-79

图12-80

Step07： 使用相同的方法，新建调整图层"色彩平衡 3"，在"属性"面板中设置参数，如图12-81所示。填充蒙版为黑色，并使用白色画笔涂抹出眉毛部位，效果如图12-82所示。

图12-81

图12-82

Step08： 使用相同的方法，新建调整图层"色彩平衡 4"，在"属性"面板中设置参数，如图12-83所示。填充蒙版为黑色，并使用白色画笔涂抹出眼睛部位，效果如图12-84所示。

图12-83

图12-84

Step09： 使用相同的方法，新建调整图层"色彩平衡 5"，在"属性"面板中设置参数，如图12-85所示。填充蒙版为黑色，并使用白色画笔涂抹出嘴唇部位，效果如图12-86所示。

图12-85

图12-86

Step10： 使用相同的方法，新建调整图层"色彩平衡 6"，在"属性"面板中设置参数，如图12-87所示。填充蒙版为黑色，并使用白色画笔涂抹出腮红效果，如图12-88所示。

图12-87

图12-88

至此，完成黑白照片的上色操作。

职场答疑Q&A

1. A：Photoshop软件中"图层"面板不见了，怎么打开？

Q：在菜单栏中打开"窗口"选项列表，选择"图层"选项，就可以打开"图层"面板。同样"通道"面板、"路径"面板、"属性"面板等也可以通过这种方式打开。

2. A：置入嵌入对象后，无法使用"画笔工具"进行绘制，怎么操作？

Q：在"图层"面板中选中置入的对象，单击鼠标右键，在弹出的菜单栏中选中"栅格化图层"选项即可。Photoshop软件中，若要对文字、形状、矢量蒙版、智能对象等包含矢量数据的图层进行编辑，需要先将其栅格化，才能进行相应的编辑。

3. A：Photoshop软件中有几种通道？作用是什么？

Q：Photoshop软件中包括颜色通道、Alpha通道、专色通道三种类型的通道。颜色通道用于保存图像颜色信息；Alpha通道主要用于存储选区；专色通道用于存储专色，是一种特殊的通道。

4. A：在编辑第1个图层时，总会误操作至下方第2个图层，怎么办？

Q：在"图层"面板中，选中第2个图层，单击"图层"面板中的锁定按钮，就可以锁定下方图层。Photoshop软件中提供有"锁定透明像素""锁定图像像素""锁定位置""防止在画板和画框内外自动嵌套""锁定全部"五种锁定方式，可以根据实际需要选择锁定方式。

5. A："通道"面板中的通道可以用彩色显示吗？

Q：在菜单栏中打开"编辑"列表，选择"首选项"选项，并在其级联菜单中选择"界面"选项，打开"首选项"对话框中的"界面"选项卡，勾选"用彩色显示通道"复选框，就可以使各颜色通道以彩色显示。

第13章
色调与滤镜工具的应用

内容导读

在Photoshop中，当素材图像和照片的色调不符合用户所需时，就需要对图像进行色调或色彩上的调整。在图片的后期处理中，通过调整图像色彩的纯度、色调的饱和程度，能够使原本黯淡无光的图像变得光彩夺人，使原本毫无生机的图像变得充满活力。滤镜类似于传统摄影时使用的特效镜头，它的产生主要是为了适应复杂的图像处理需求，增强对图像进行特殊效果处理的能力。

本章将通过不同类型的案例介绍色彩调整功能以及滤镜功能的应用。

案例效果

调整风景照片效果

人物照片处理

13.1 调整清晰通透的风景效果

室外拍摄很容易受到天气或光线的影响，导致拍出的照片发灰发暗，或者色彩不够鲜艳。本案例将利用Photoshop调整出清晰通透的风景效果。

13.1.1 去除照片中的污点

实景拍摄的照片，经常会有一些破坏景致的存在，像污点、垃圾等,影响了效果,这就需要先用Photoshop将其清除掉。操作步骤如下。

扫一扫，看视频

Step01： 在Photoshop中打开"湖面"素材图片，原素材效果如图13-1所示。

图13-1

Step02： 放大局部，会看到当前湖面有许多泡沫或污点，如图13-2所示。

Step03： 按【Ctrl+J】组合键复制图层，选择修补工具，选择一个污点，按住并向干净的目标区域移动，释放鼠标即可看到污点不见了，如图13-3～图13-5所示。

图13-3

图13-2

图13-4

249

图13-5

Step04： 依照此方法去除素材图片中所有的污点，使湖面变得干净，效果如图13-6所示。

> **注意事项** 修补时需注意
>
> 在使用修补工具时，一定要保证目标区域与源区域的周围能够衔接一致，这样看起来才真实。

图13-6

13.1.2 调整照片色相

下面利用色彩调整命令将原本灰暗的色调调整为鲜明的色调。

Step01： 按【Ctrl+J】组合键复制，在菜单栏中选择"图像"选项，在下拉列表中选择"调整"，并从中选择"色阶"选项，打开"色阶"对话框，输入色阶值，如图13-7所示。

扫一扫，看视频

图13-7

Step02：在"调整"列表中选择
"色相/饱和度"选项，打开"色相/饱
和度"对话框，分别设置"全图""青
色"及"蓝色"的饱和度和明度，如图
13-8～图13-10所示。

图13-9

图13-8

图13-10

Step03：设置完毕单击"确定"按钮关闭对话框，此时图片效果已发生了变
化，如图13-11所示。

图13-11

Step04：在菜单栏的"选择"列表中，选择"色彩范围"选项，打开"色彩范
围"对话框，设置"颜色容差"为140，单击"吸管工具"按钮，在湖面较浅的蓝色区
域取样，如图13-12所示。取样完毕后单击"确定"按钮关闭对话框即可创建选区。

图13-12

Step05：选择"图像"列表中的"调整"选项，并在其级联菜单中选择"曲线"选项，打开"曲线"对话框，调整"绿"通道的曲线。勾选"预览"复选框，可以预览到调整曲线的效果，如图13-13所示。

图13-13

Step06：切换到"蓝"通道，调整一下曲线，预览效果如图13-14所示。

图13-14

Step07：调整RGB通道的曲线，设置完毕单击"确定"按钮关闭对话框。再按【Ctrl+D】组合键取消选区，如图13-15所示。

图13-15

Step08： 在菜单栏的"选择"列表中，选择"色彩范围"选项，打开"色彩范围"对话框，设置"颜色容差"为160，单击"吸管工具"按钮，在图片最暗处单击取样，如图13-16所示。单击"确定"按钮即可创建暗部选区。

图13-16

Step09： 在菜单栏的"图像"列表中，选择"调整"选项，并在其级联菜单中选择"曲线"选项，打开"曲线"对话框，调整RGB通道的曲线，将暗部调亮，如图13-17所示。设置完毕后单击"确定"按钮。

图13-17

Step10： 同样在"调整"级联菜单中，选择"亮度/对比度"选项，打开"亮度/对比度"对话框，调整亮度和对比度，如图13-18所示。

图13-18

Step11： 选择裁剪工具，裁剪图像大小，即可完成风景照片的调整操作，效果如图13-19所示。

图13-19

13.2 人物照片处理

人物照片磨皮是Photoshop中比较常见的操作。利用软件的图层、通道、滤镜等工具为照片中的人物消除皮肤部分的斑点、痘印、杂色等，使皮肤看起来光滑、细腻、自然。

13.2.1 调整人物肤色

通常相机照出来的人物肤色普遍比较暗沉，因此首先需要对其肤色进行

扫一扫，看视频

调整。具体操作如下。

Step01： 在Photoshop中打开"人物近照"素材图片，原素材效果如图13-20所示。

图13-20

Step02：按【Ctrl+J】组合键复制图层，选择修补工具，去除人物皮肤上的痘印、斑点、皱纹等，如图13-21所示。

图13-21

Step03：按【Ctrl+J】组合键复制图层，在菜单栏中选择"图像"选项，在其下拉列表中选择"自动对比度"选项，增强人物面部对比度，如图13-22所示。

<hr>

Q 知识点拨

自动调整命令

Photoshop中的"自动色调""自动对比度""自动颜色"命令，是快速简单的色彩和色调调整命令。

图13-22

Step04：新建"色阶"调整图层，将位于中间调的滑块向左微移至1.30，如图13-23所示。

图13-23

Step05：此时，人物图像的中间调变亮，效果如图13-24所示。

图13-24

Step06： 对人物皮肤去黄。新建"可选颜色"调整图层，调整黄色的参数，如图13-25所示。

图13-25

Step07： 降低皮肤中的黄色调，使人物变得白皙一些，如图13-26所示。

图13-26

🔍 知识点拨

"可选颜色"功能说明

"可选颜色"是对某些颜色的专门修饰，可以对单一颜色进行单独的调整，并且不影响其他颜色，但该命令是通过补色来调整的；色彩平衡则是对图像整体范围的暗部、中间调、高光的调整，并且可以通过添加相反色而得到颜色的更改。

Step08： 选择"调整图层"，按【Ctrl+G】组合键创建图层组，如图13-27所示。

图13-27

Step09： 在图层面板中单击"添加矢量蒙版"按钮，为图层组添加蒙版，如图13-28所示。

图13-28

Step10： 切换前景色为黑色，选择画笔工具，调整较小的笔触，涂抹眼睛和嘴唇部分，使其恢复到最初的色调，如图13-29所示。

图13-29

Step11： 按【Ctrl+Shift+Alt+E】组合键盖印图层，进入通道面板，选择并复制"蓝"通道，如图13-30所示。

图13-30

Step12： 此时，画面会以黑白效果显示，如图13-31所示。

图13-31

13.2.2 人物面部磨皮

利用"高反差保留"滤镜和"径向"对人物皮肤上的毛孔和不明显的斑点进行处理。操作步骤如下。

扫一扫，看视频

Step01： 在菜单栏中选择"滤镜"选项，在打开的下拉列表中选择"其他"选项，并在其级联菜单中选择"高反差保留"选项，打开"高反差保留"对话框，设置半径为"24像素"，如图13-32所示。

> **Q知识点拨**
>
> **"高反差保留"功能说明**
> 高反差保留主要用于提取图像中的反差，反差越大，提取出来的效果越明显。

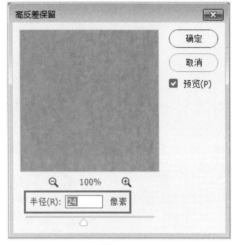

图13-32

Step02： 单击"确定"按钮关闭对话框，画面效果如图13-33所示。

图13-33

Step03： 设置前景色色号为#9F9F9F，选择画笔工具，变换笔触大小，涂抹眼睛及嘴巴区域，如图13-34所示。

图13-34

Step04：在"图像"列表中选择"计算"选项，打开"计算"对话框，设置混合模式为"叠加"，如图13-35所示。

图13-35

Step05：如此计算三次，凸显出皮肤上的斑点，如图13-36所示。

图13-36

Step06：按住【Ctrl】键单击Alpha3通道创建选区，再按【Ctrl+Shift+

I】组合键反选选区，如图13-37所示。

图13-37

Step07：选择RGB通道，再返回图层面板，如图13-38所示。

图13-38

Step08：创建"曲线"调整图层，调整曲线，如图13-39所示。

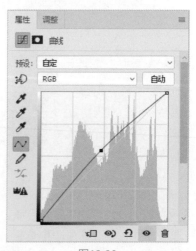

图13-39

Step09： 调整后的效果如图13-40所示。

图13-40

Step10： 按【Ctrl+Shift+Alt+E】组合键盖印图层，再按【Ctrl+J】组合键复制图层。选择"滤镜"选项，从中选择"模糊"选项，并在其级联菜单中选择"表面模糊"选项，打开"表面模糊"对话框，设置半径为10，阈值为15，如图13-41所示。

图13-41

Step11： 单击"确定"按钮关闭对话框，添加了模糊效果的人像效果如图13-42所示。

图13-42

Step12： 设置图层不透明度为40%，效果如图13-43所示。

图13-43

🔍 **知识点拨**

表面模糊功能说明

表面模糊可以使两个近似的颜色区域变得模糊，但如果两个颜色区域反差很大，则其边界仍然会保持相当的清晰度。

Step13： 隐藏最底部3个图层外的所有图层，按【Ctrl+Shift+Alt+E】组合键盖印图层，并将该图层移动到最顶部，再显示所有图层，如图13-44所示。

Step14： 选择该图层，打开"高反差保留"对话框，设置半径为"1像素"，再设置图层混合模式为"线性光"，使人物轮廓变得清晰，如图13-45所示。

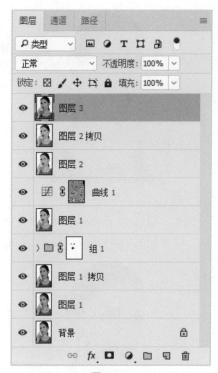

图13-44

图13-45

Step15： 设置后的人像效果如图13-46所示。

图13-46

13.2.3 美化五官

下面利用修补工具、减淡工具以及加深工具美化眼睛和嘴唇部分，操作步骤如下。

扫一扫，看视频

Step01： 按【Ctrl+Shift+Alt+E】组合键盖印图层。利用修补工具去除眼部红血丝，如图13-47所示。

图13-47

Step02： 利用加深工具加深眼球部分，再用减淡工具提亮眼白和高光部分，如图13-48所示。

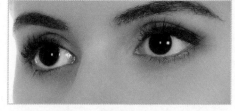

图13-48

Step03：最后为嘴唇添加高光效果。用钢笔工具勾出嘴唇轮廓，如图13-49所示。

图13-49

Step04：按【Ctrl+Enter】组合键创建选区，按【Shift+F6】组合键打开"羽化选区"对话框，设置羽化半径为"10像素"，如图13-50所示。

图13-50

Step05：羽化后的选区效果如图13-51所示。

图13-51

Step06：按【Ctrl+J】组合键创建

嘴唇图层，选择"图像"列表中的"调整"选项，并在其级联菜单中选择"去色"选项，为嘴唇去色，如图13-52所示。

图13-52

Step07：设置图层混合模式为"滤色"，如图13-53所示。

图13-53

Step08：打开"图像"列表，选择"调整"选项，并在其级联菜单中选择"阈值"选项，打开"阈值"对话框，设置阈值为185，如图13-54所示。

图13-54

Step09： 单击"确定"按钮，关闭对话框，嘴唇高光效果如图13-55所示。

图13-55

Step10： 设置嘴唇图层的不透明度为80%，完成本案例的制作。至此人物照片完成效果如图13-56所示。

图13-56

拓展练习　　**制作水波效果**

结合本章所学的滤镜及色调调整知识，练习制作水果落水的波纹效果。

Step01： 新建文件，将背景填充为黑色，添加"云彩"滤镜及"径向模糊"滤镜，制作出一个旋转的模糊效果，如图13-57所示。

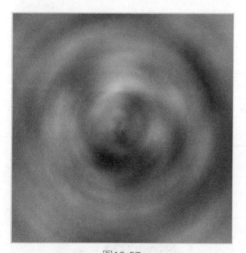

图13-57

Step02： 依次添加"基底凸现"滤镜、"铬黄渐变"滤镜以及"水波"滤镜，制作出逼真的水波纹理，再利用"色相/饱和度"为水波添加色彩，如图13-58所示。

图13-58

Step03：创建渐变图层，再调整水波图层为透视效果，利用橡皮擦工具使两个图层融合成一个整体画面，如图13-59所示。

图13-59

Step04：添加水花、水果等素材，调整大小及位置，效果如图13-60所示。

图13-60

职场答疑Q&A

1. Q：在Photoshop中新添加的素材图层，为什么无法使用颜色调整命令更改其颜色效果？

　　A：原因可能是将素材从文件夹拖到Photoshop中时，直接拖到了打开的图像窗口中，这样形成的图层会变成智能图层，无法直接使用图像调整命令对其调整。用户可以将该图层栅格化，即可进行图像调整操作。

2. Q：如何快速选中视图中颜色相近但不相邻的图像？

　　A：使用"色彩范围"命令可以轻松实现。打开"色彩范围"对话框，使用吸管工具在视图中要选取的颜色范围上单击即可。

3. Q：在利用选区抠取图片后，有时候图片的轮廓边缘会存在一些黑边或白边，如何快速解决？

　　A：遇到这种情况，首先确保抠取的图像所在图层被选中，然后在"图层"列表的"修边"选项中，选择"移去黑色杂边"或"移去白色杂边"选项，即可快速去除黑边或白边。如果效果不满意，还可以在"图层"列表的"修边"选项中，选择"去边"选项，打开"去边"对话框，用户可以自定义去边的宽度。

4. Q：滤镜菜单中的滤镜命令可以应用到所有的图像中去吗？

　　A：不可以。颜色模式为RGB模式的图像，可以应用所有的滤镜效果；而颜色模式为CMYK的图像只能应用部分滤镜效果，不能使用的滤镜效果则显示为灰色。如果在编辑过程中发现图像无法使用某些滤镜，可以查看当前图像的颜色模式是否为CMYK，如果当前图像的颜色模式为CMYK，可以在"图像"列表的"模式"选项中，选择"RGM颜色"命令，将图像转换为RGB颜色模式，然后继续使用滤镜效果即可。

5.　Q：滤镜效果可以应用到所有的图层中吗？

　　A：不可以。滤镜效果不能应用到文字图层和形状图层，除非将文字或形状图层栅格化，才可以使用滤镜效果。

6.　Q：可以在通道中应用滤镜效果吗？

　　A：对于大多数滤镜效果来说是可以的，只有极少数滤镜效果无法使用，比如模糊滤镜组中的"场景模糊""光圈模糊"等。

思维导图篇

如果现在还不知道思维导图，那你就落伍了！思维导图是目前比较流行的一种学习方式。毫不夸张地说，它能够帮你快速理清思路，扩展思维，提高记忆效率。真有这么神奇吗？当然。不信，请继续往下看！

第 **14** 章
初识大脑与 "脑图"

内容导读

　　找到恰当的思考和学习方法，才能有效地提高工作和学习的效率。本章将介绍如何利用思维导图来激活我们的大脑，利用正确的方法帮助我们理清事情脉络，将复杂的事简单化，让工作和学习都能达到事半功倍的效果。

案例效果

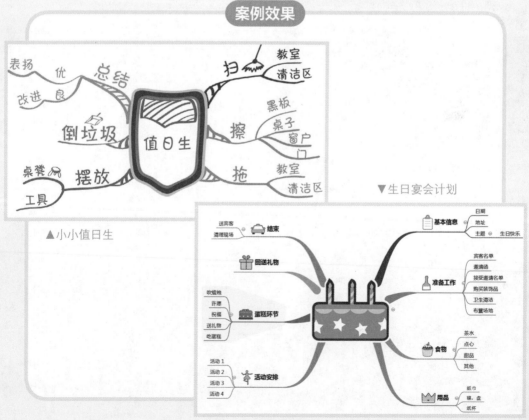

▲小小值日生

▼生日宴会计划

14.1 认识思维导图

扫一扫，看视频

在学习思维导图前，先要了解一下思维导图到底是用来做什么的？它能够为用户带来哪些好处等。

14.1.1 神奇的大脑

每个人的大脑都是一个沉睡的"巨人"，研究表明，普通人终其一生也只能开发5%～10%的大脑潜能。也就是说，大脑的潜能基本未开发！

大脑有左脑和右脑之分。左脑和右脑虽然形态上相似，但其执行的功能却不相同。

左脑倾向于语言思维，负责逻辑理解、记忆等，主要支配逻辑分析，可称为"逻辑脑"。

右脑则负责空间图形记忆、直觉、情感等。主要支配图像和想象力，可称为"图像脑"，如图14-1所示的是左脑、右脑所支配的范围。

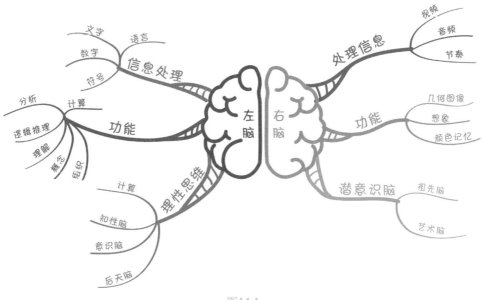

图14-1

一般逻辑思维强、有条理的人，左脑比较发达，而右脑会相对弱一些，所以他们的创造性就比较差。相反，创造性强、感性的人，他们的右脑比较发达，而左脑就相对弱些，他们的逻辑思维就会差一些。

那么有没有办法让左右脑同时开工，激发自己的大脑潜能呢？有，那就是思维导图。

　　思维导图是通过文字、线条、颜色、图像、结构，运用图文并茂的形式，充分使用并开发左右脑功能的工具，被称为"全脑思维工具"，如图14-2所示。

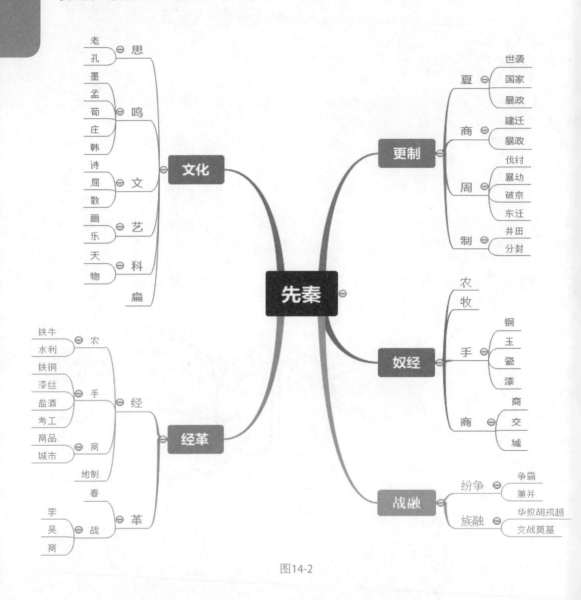

图14-2

　　人们的大脑如同肌肉，用则活，不用则废。我们仅仅只需"开窍"，打破固有思维，而思维导图在这方面有着绝对的优势。

　　我们看到图像或在大脑里想象图像的过程用的就是右脑。思维导图锻炼的不仅是逻辑思维，还有联想思维，在绘制思维导图时，可以绘制一些小图像来帮助辅助记忆，如图14-3所示。

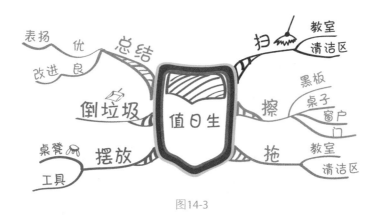

图14-3

所以，会用思维导图来帮助思考的人，他们的思维方式及处事能力往往要比一般人强，因而他们的大脑运作也会比一般人要活络。

14.1.2 思维导图的优势

与传统的记录模式相比，思维导图的优势在于以下几个方面。

（1）发散性

使用传统记录模式，人们很容易陷入僵局，也就是俗话说的，一条路走到黑的状态。

而思维导图则是利用发散性思维进行思考。在思考时，会为遇到的问题想出成百上千条解决方案。从没思路到有思路，再到完善思路。这整个思考的过程，可以说是"一切皆有可能"。

（2）条理性

传统记录模式，可能只看到问题的局部，无法全面地看待问题。而思维导图则不同，它将各种关联的想法用连接线串联起来，形成一个系统框架，好让我们能够把控好全局，并保持清晰的思路。在思考过程中，想要扩充思路，可以随时添加，不会破坏原有的框架。这是传统记录所无法达到的。

（3）伸缩性

对于学生学习来说，思维导图可算是提高学习效率的一大利器。思维导图具有极大的可伸缩性，它顺延了大脑的自然思维模式，能够将新旧知识结合起来。学习的过程就是一个由浅入深的过程，人们总是在已有知识的基础上学习新知识，将新知识同化到自己原有的知识结构中，从而建立新旧知识间的关联，这是提升学习能力的关键点所在。

（4）激活大脑

传统记录模式，例如几行字、几句话等，通常只激活人的左脑。而思维导图是使用颜色、图形和想象力激活右脑，并结合左脑的逻辑思维，共同创造出来的。这种模式，在加深记忆的同时，效率也提升了百倍。

14.1.3 思维导图应用领域

思维导图的应用范围非常广，可用于工作、生活、学习中任何一个领域。

（1）应用于工作

在工作中，可以利用思维导图进行时间管理、商务演讲、商务谈判、项目计划、会议安排、开发创意以及头脑风暴等记录工作，如图14-4所示。

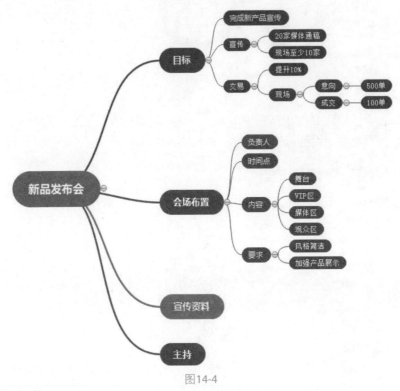

图14-4

（2）应用于生活

在生活中能够利用思维导图进行记录的事务有很多，例如假期出行、生活计划、婚礼筹备、家庭聚餐、房屋装修等，如图14-5所示。

图14-5

（3）应用于学习

在学习中利用思维导图将整本书的知识点提炼出来，把主要精力集中在关键知识点上，从而提高学习效率，如图14-6所示。

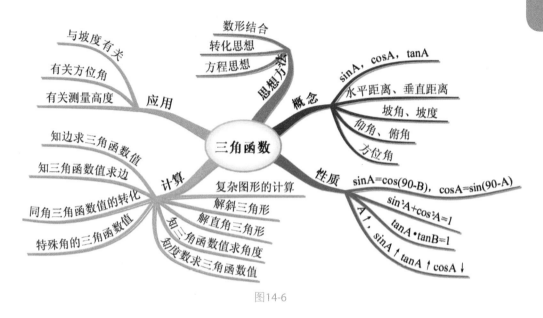

图14-6

14.2 绘制思维导图的方法

在对思维导图有了简单了解后，接下来将向用户介绍一下思维导图的绘制方法，其中包括使用工具的介绍、绘制要领等。

14.2.1 思维导图工具介绍

思维导图可分为两大类：电子图和手绘图。电子图就是利用各种思维导图软件进行绘制；而手绘图就是纯手工绘制。

扫一扫，看视频

注意事项

能手绘的尽量自己动手绘制。因为手绘制出来的效果要比软件处理得好很多。同时在手绘过程时，印象也会随之加深。

（1）利用软件绘制

目前，网络上有不少免费的思维导图软件，例如XMind、MindMaster、GitMind等。

XMind是一款国内比较知名的思维导图软件，该软件有Plus/Pro版本，提供更专业的功能。除了常规的思维导图外，它也提供了树状图、逻辑结构图和鱼骨图，具有内置拼写检查、搜索、加密甚至是音频笔记功能，如图14-7、图14-8所示。

图14-7

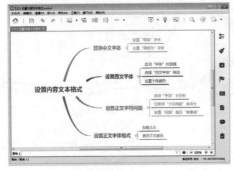

图14-8

MindMaster是由亿图出品的一款在线思维导图软件，有丰富的功能和模板，可免费导出多种文本格式；有脑图社区，提供大量的脑图模板可以参考；可以为脑图内容插入关系线，快速梳理各个主题内容间的关系，如图14-9、图14-10所示。

图14-9

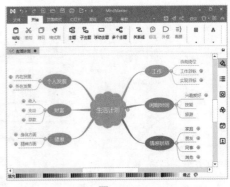

图14-10

GitMind是一款免费专业的在线思维导图软件。界面简洁美观、操作简单，支持Web云端保存，不用担心脑图文件丢失。脑图风格多样，适用于多种场合，思维导图、目录组织图、逻辑结构图等都可以制作，如图14-11、图14-12所示。

图14-11

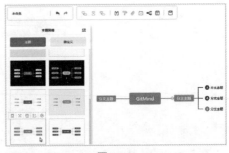

图14-12

除了使用思维导图软件之外，用户还可以使用Office办公软件中的流程图来绘制。

以Word为例，在"插入"选项卡中，单击"SmartAtr"按钮，在打开的"选择SmartArt图形"对话框中，选择一款合适的图形，如图14-13所示。

图14-13

选择完成后，单击"确定"按钮，插入该图形。在图形中输入文字内容即可，如图14-14所示。

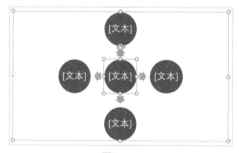

图14-14

🔍 **知识点拨**

WPS软件也可以快速插入脑图。在新建界面中单击"脑图"按钮，在打开的脑图界面中，用户可以创建空白脑图，也可以选择模板创建脑图，十分方便。

（2）手工绘制

想要手工绘制思维导图，那么就需要提前准备好纸张、画笔这两样基本工具。

纸张的大小可以根据图的大小来选择，一般使用A4纸就可以了，如图14-15所示。如果有考试类的需求，建议采用A3纸。

图14-15

建议纸张时，建议不要选择带底纹或背景图的纸张，最好是空白纸，以防破坏整体效果。

建议至少准备三种颜色以上的画笔。根据纸张的大小来选择画笔的粗细，以A3纸来说，用细彩色笔、奇异笔和马克笔为佳，如图14-16所示。

图14-16

当然，用户还可以使用电子手绘板进行绘制，如图14-17所示。在绘图板上手绘，并将图案传输到电脑中进行后期的加工调整，这样出来的效果也很不错。

图14-17

14.2.2 思维导图绘制要领

在开始绘制时，需要注意以下几点要领，才能让思维导图展示得更完美。

（1）横向布局

将纸张横向摆放，并在纸张中心位置摆放主题内容，而连接线则以放射状呈现。这种布局是人们视觉吸收量最大的一种模式，如图14-18所示。

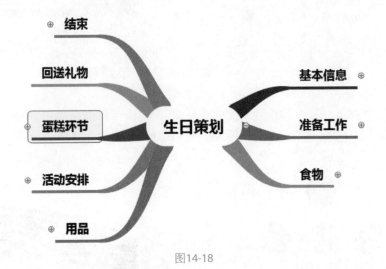

图14-18

（2）线条先粗后细，文字先大后小

由主题延伸出的线条，称为主脉。由主脉延伸出的线段，称为支脉。主脉线段较粗，支脉线段稍细。主脉上的文字较大，支脉上的文字稍小，使其有一定的层次感，如图14-19所示。

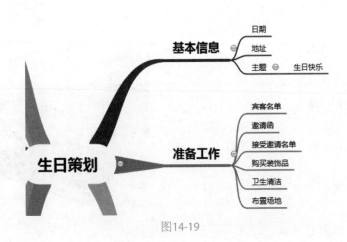

图14-19

除此之外，一条主脉所延伸出来的几条支脉颜色一定要保持一致。因为颜色不仅起到美化的作用，还有助于提升记忆力。

（3）线条流畅，不能出现中断

同一条主脉上的线条要流畅、连续，不要出现中断的现象。因为线条中断，很容易造成思考上的停顿。

（4）布局均衡

在制作思维导图的时候，一定要考虑到所有脉络布局要均衡，如图14-20所示。不要出现某一边很挤，另一边很松的情况。

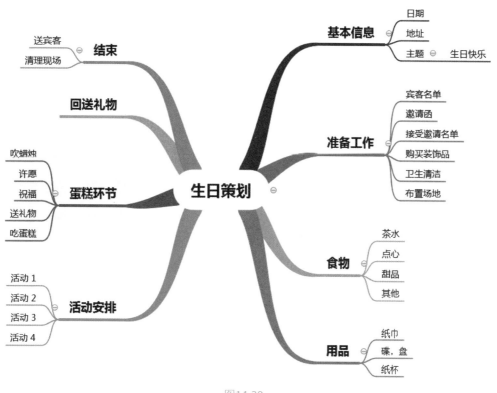

图14-20

（5）使用关键字

无论是主脉还是支脉，其文字内容一定要简洁明了，不要放大段的文字。而且一条线段上只能放一个关键词，切记不要放多个词组。否则影响视觉效果，同时也不方便用户记忆。

（6）使用插图来说明

右脑喜欢画面，因为画面可以增强记忆，让大脑兴奋。所以，用户可以充分利用颜色来区分主脉，利用插图来说明内容。尤其在制作展示思维导图的时候，颜色和插图会增强可读性，如图14-21所示。

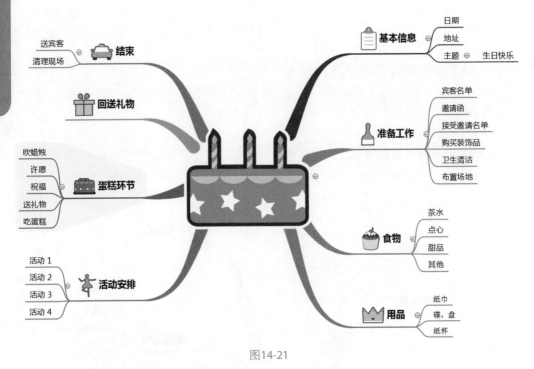

图14-21

（7）各脉络不能交叉、重合

无论是主脉还是支脉，其线条不能交叉，不能重合。

> **注意事项**
>
> 在绘制过程中，主要概念离主题越近，次要概念离主题越远。也就是说，靠近主题的关键词是大范围的概念；后面的关键词是这个概念中的局部细节，用来补充说明前面的关键词。

拓展练习 头脑风暴小游戏

当初学者面对思维导图无法下笔时，不妨先活络一下大脑，试着做头脑风暴小游戏。该游戏可以锻炼用户的联想能力，开拓思维方式。下面以"炎热"为主题，展开联想，不用太多，填满九宫格就好。

Step01： 打开Word空白文档。插入一个3行3列的表格，并在表格中心位置输入"炎热"字符，如图14-22所示。

> **注意事项**
>
> 用户在进行小游戏时，不必限制表达方式。一张纸，一支笔，随时随地都可以进行游戏。

图14-22

Step02：限制1分钟时间，将表格填满。想到什么就填什么。只要与"炎热"有关的词语都可以，如图14-23所示。

夏天	红色	赤道
火炉	**炎热**	冰淇淋
空调	中暑	烈日

图14-23

Step03：另起一行，再创建一个九宫格。这次以"夏天"为主题，展开与"夏天"有关的联想，填满九宫格，如图14-24所示。

茂盛	度假	出汗
干旱	**夏天**	节气
雷雨	蝉声	西瓜

图14-24

Step04：按照同样的方法，分别以"红色""赤道""冰淇淋""烈日""中暑""空调""火炉"为主题，展开联想，如图14-25所示。

颜色	热情	鲜艳
口红	**红色**	血液
枫叶	信号灯	新年

图14-25

你想出来的越多，说明联想力就越好。联想力是"举一反多"的能力。将事情延伸到其他地方，并与其他事物串联起来，做到从多角度去构思，这就是这款游戏的目的所在。

职场答疑Q&A

1. **Q：手绘思维导图和软件绘制的思维导图，哪一种方法更有效果？**

   A：两种方法各有千秋。相比之下，手绘思维导图更能够达到训练大脑的效果。因为在绘制的过程中，将脑中的想法用绘画的方式表达出来，此时左右脑共同协作，这样更有助于理解和记忆。

2. **Q：色彩对思维导图有什么作用？能不能使用一种颜色一画到底？**

   A：尽量将各主脉的颜色进行区分。因为色彩给人带来乐趣的同时，也会带来感官刺激，让人印象深刻。一般来说色彩的饱和度会影响人们记忆的深刻度，饱和度越高，颜色越鲜艳，记忆就会越深刻。

3. **Q：是不是什么颜色都可以用来画思维导图呢？**

A： 在画思维导图时，颜色越鲜艳越好。其中黄色和灰色最好不要用，因为这两种颜色比较淡，画出来不明显，会降低识别度。不过黄色和灰色可以用来画插画。

4. **Q：在绘制思维导图过程中，要注意哪些问题？**

A： 纸张横放，由中心开始，呈放射状；主脉由粗到细，关键词需写在连接线上面，字体长度与线段长度相同；同一条主脉的颜色需要相同。

5. **Q：手绘思维导图时，经常把握不好思维导图的大小，该怎么办？**

A： 对于初学者来说，经常会出现中心主题画得太大，导致发散出的主脉络无法正常显示；要不就是画得太小，四周还有很多空间，不方便阅读。为了避免这种情况，用户可以先将纸张叠出九宫格，以中间格子的空间来绘制中心主题，其他格子来绘制各脉络内容即可。

6. **Q：我不会画画，怎么手绘思维导图啊？**

A： 思维导图绝对不是比谁画得漂亮，而是比谁能够精准地表达出逻辑观念。很多有绘画功底的人，图虽然画得很漂亮，但逻辑观念乱七八糟，让人看不懂。所以思维导图任何人都可以使用，即便你不会画画，但只要能充分地表达出你的想法就够了。如果需要用图画来表达，那么用户只需在网上搜索相关的图片，把大致的画面描下来就可以了。

第 **15** 章
绘制思维导图

内容导读

前一章节向用户简单介绍了思维导图的作用，以及绘制思维导图的工具和规则。本章将以实际的案例来讲解思维导图具体的绘制方法，包括如何创建思维导图，在思维导图中插入图片，思维导图的输出等。

案例效果

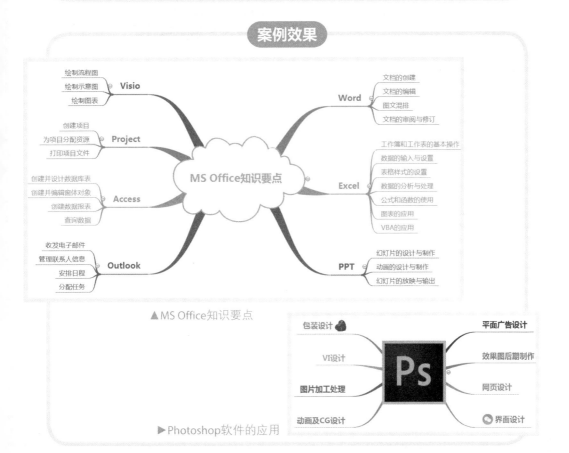

▲MS Office知识要点

▶Photoshop软件的应用

15.1 绘制MS Office思维导图

在学习Office办公软件前，用户可以先大致地了解一下这些办公组件有哪些重要的知识点，然后根据自身情况有选择地来学习，这样会起到事半功倍的效果。下面将以MindMaster思维导图软件为例，介绍MS Office软件知识点思维导图的绘制方法。

扫一扫，看视频

15.1.1 输入思维导图内容

在使用软件绘制前，用户可以先在纸上罗列出思维导图的内容，其中包括主题、子主题等，然后再利用软件绘制出来。

Step01： 启动MindMaster软件，在"可用模板"界面中的"空白模板"列表中，双击"思维导图"选项，如图15-1所示。

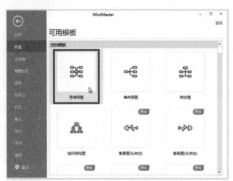

图15-1

Step02： 在新建的导图页面中，系统会自动创建一个"中心主题"。双击"中心主题"，进入文字编辑状态，如图15-2所示。

图15-2

Step03： 输入思维导图主题内容。

然后单击该主题右侧"➕"按钮，系统会自动创建子主题，如图15-3所示。

图15-3

Step04： 双击子主题文字内容，将其进行更改，如图15-4所示。

图15-4

Step05： 选中中心主题，在"开始"选项卡中单击"子主题"按钮，同样可以添加子主题，如图15-5所示。

图15-5

Step06： 修改添加的子主题内容。选中子主题，按【Enter】键，也可以添加子主题，双击添加的子主题内容，将其进行修改，结果如图15-6所示。

图15-6

注意事项

以上三种方法都可以添加子主题内容。用户可以根据自己的使用习惯来选择。

Step07：按照同样的方法，将其他子主题添加完整，如图15-7所示。

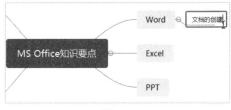

图15-7

Step08：选中"Word"子主题，单击"+"按钮，添加分支内容，如图15-8所示。

图15-8

Step09：选中添加的分支内容，按【Enter】键，完成其他Word分支的添加操作，如图15-9所示。

Step10：在制作过程中，想要删除多余的分支，可以选中该分支，按【Delete】键将其删除即可，如图15-10所示。

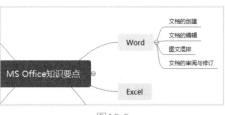

图15-9

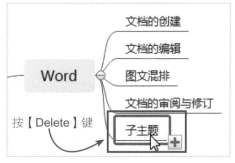

图15-10

Step11：按照以上操作方法，完成其他子主题的分支添加操作，如图15-11所示。

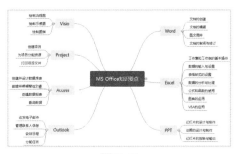

图15-11

Step12：如果想要隐藏分支内容，保留子主题，只需单击子主题后的折叠"➖"按钮即可，如图15-12所示。

图15-12

Step13：单击展开"⊕"按钮，可

以展开折叠的分支内容，如图15-13
所示。

图15-13

15.1.2 美化思维导图

为了让制作的思维导图更加漂亮美观，就需要对其进行适当的美化操作。

Step01： 选中中心主题内容，在右侧"主题格式"窗格中，单击"形状样式"下拉按钮，在其列表中选中一款样式，如图15-14所示。

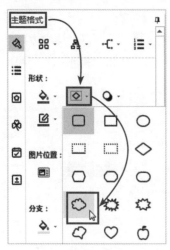

图15-14

Step02： 此时被选中的主题形状已发生了相应的变化，如图15-15所示。

图15-15

Step03： 保持中心主题为选中状态，单击"形状填充"下拉按钮，在颜色列表中选择一款填充颜色，这里选择白色，如图15-16所示。

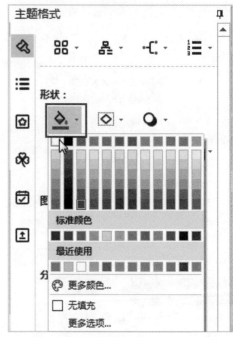

图15-16

Step04： 单击"线条颜色"下拉按钮，选择一款绿色，作为形状轮廓色，如图15-17所示。

Step05： 在"字体"选项中，将字号设为"19"，单击"加粗"按钮，将其加粗显示。同时单击"文本颜色"按钮，将其颜色设为绿色，如图15-18所示。

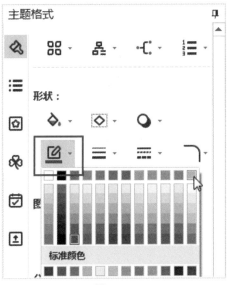

图15-17

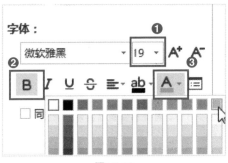

图15-18

Step06： 设置完成后，被选中的主题样式也发生了变化，如图15-19所示。

图15-19

Step07： 同样将主题保持为选中状态，在"主题格式"窗格中单击"分支样式"下拉按钮，选择一款样式，如图

15-20所示。

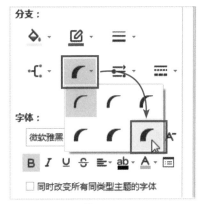

图15-20

Step08： 此时，主脉连接线样式已发生了变化，如图15-21所示。

图15-21

Step09： 选中"Word"子主题，单击"形状样式"下拉按钮，选择一款样式，如图15-22所示。

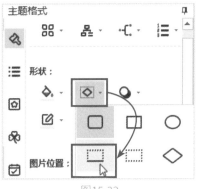

图15-22

Step10： 单击"线条颜色"下拉按钮，选择一款颜色。单击"宽度"下拉按钮，设置线条的宽度值，如图15-23所示。

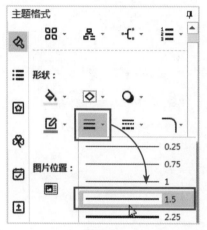

图15-23

Step11： 在"分支"选项组中单击"分支线条颜色"按钮，设置主脉连接线的颜色，该颜色应与"线条颜色"相同，如图15-24所示。

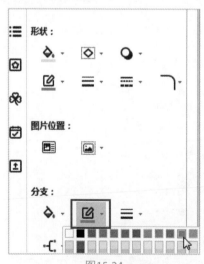

图15-24

Step12： 同样在分支选项组中，单击"分支样式"按钮，设置分支的连接线样式，如图15-25所示。

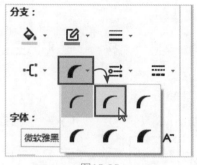

图15-25

Step13： 在"形状"选项组中单击"形状填充"下拉按钮，将其设为"无填充"选项，取消底纹显示，如图15-26所示。

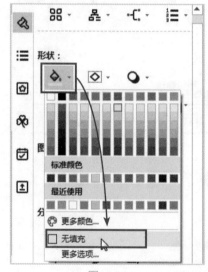

图15-26

Step14： 在"字体"选项组中设置一下"Word"字体样式，如图15-27所示。

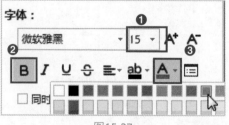

图15-27

Step15： 使用鼠标框选"Word"分支文本内容，在"字体"选项组中，调整字体的字号与颜色即可，如图15-28所示。该字体颜色要与"Word"主脉颜色保持一致。

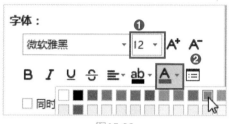

图15-28

Step16： 设置完成后，用户可以查看设置的结果，如图15-29所示。

图15-29

Step17： 按照"Word"子主题样式的操作，设置其他子主题以及各分支样式。这里就不一一介绍了，最终效果如图15-30所示。

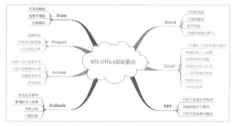

图15-30

🔍 知识点拨

菜单栏中还提供了多种高级设置操作，例如创建幻灯片、头脑风暴、查找替换等，如图15-31所示。

图15-31

15.1.3 输出思维导图

思维导图制作完成后，可根据需要将该思维导图输出其他格式的文件，例如PDF、JPG等。下面以输出PDF格式文件为例，介绍具体的输出操作。

Step01： 单击"文件"选项卡选择"导出"选项，在"导出"列表中选择"PDF"选项，如图15-32所示。

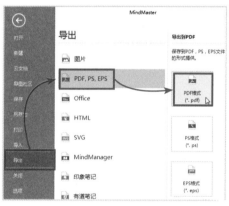

图15-32

Step02： 在"导出"对话框中，设置好保存的位置及文件名，单击"保存"按钮，如图15-33所示。

图15-33

Step03： 在"导出到PDF"对话框中，设置好"页面尺寸"与"方向"，单击"确定"按钮即可完成导出操作，如图15-34所示。

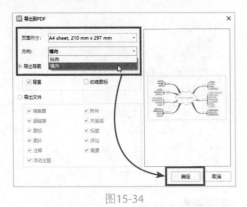

图15-34

15.2 绘制Photoshop应用思维导图

扫一扫，看视频

以上内容是以Office知识点为主，来绘制思维导图。下面将以Photoshop的应用领域为例，介绍如何利用主题模板来创建思维导图。

15.2.1 用模板创建

使用系统自带的模板可以节省用户自行设计思维导图样式的时间，从而提高绘制效率。

Step01： 启动MindMaster软件，在"新建"界面的"经典模板"选项组中，选择一款满意的模板，如图15-35所示。

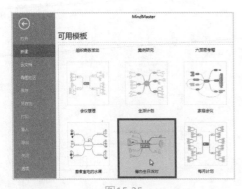

图15-35

Step02： 双击即可打开该模板，如图15-36所示。

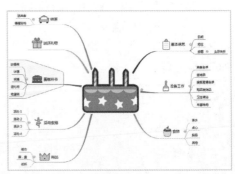

图15-36

Step03： 删除模板多余的分支内容。将子主题内容进行更改，并设置好其字体大小，结果如图15-37所示。

Step04： 选中"界面设计"子主题，按住鼠标左键不放，将其拖拽至

"网页设计"子主题下方合适位置，如图15-38所示。

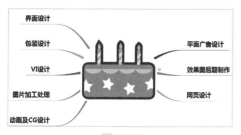

图15-37

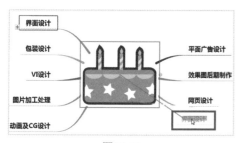

图15-38

Step05：调整一下"界面设计"的样式，并且调整好其他主题内容的字体颜色，如图15-39所示。

图15-39

15.2.2 在导图中插入图片

在思维导图中插入相应的图片，可方便用户理解记忆。

Step01：选中模板中的蛋糕图片，在"主题格式"窗格的"图片位置"选项组中，单击"图片显示在文字后面"下拉按钮，从中选择"图片"选项，如图15-40所示。

图15-40

Step02：在"插入图片"对话框中选择要插入的图片，单击"打开"按钮，如图15-41所示。

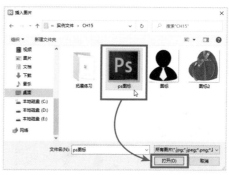

图15-41

Step03：此时，被选中的蛋糕图片已被替换，结果如图15-42所示。

图15-42

Step04： 选中"界面设计"子主题，在"主题格式"窗格中单击"图片显示在文字一侧"按钮，如图15-43所示。

图15-43

Step05： 同样在"插入图片"对话框中选择要插入的图标，将其插入至子主题中，如图15-44所示。

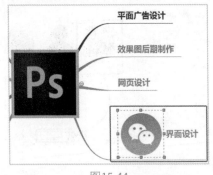

图15-44

Step06： 选中图片任意一个控制点，使用鼠标拖拽的方法，将图片调整到合适大小，如图15-45所示。

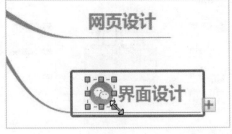

图15-45

Step07： 单击空白处即可完成图标的插入操作。按照同样的操作，为思维导图添加其他图标，结果如图15-46所示。

图15-46

🔍 **知识点拨**

用户还可以插入内置图标，在"主题格式"窗格中单击"图标 🔘"按钮，即可打开图标列表，选中一款图标即可添加。

拓展练习　**利用思维导图制作周计划**

在日常工作中，做好相应的计划，才能提高工作效率。下面将以制作周工作计划，来介绍工作计划思维导图的绘制方法。

Step01： 新建一个空白模板文件，选中"中心主题"内容，将其替换成所需图片。然后按【Enter】键，插入子主题，并输入该主题内容，如图15-47

所示。

图15-47

Step02： 按【Enter】键完成其他子主题内容的添加操作，如图15-48所示。

图15-48

Step03： 选中"周例会"子主题，单击"+"按钮，添加分支内容，如图15-49所示。

图15-49

Step04： 按照同样的方法，完成其他主题分支内容的添加操作，结果如图15-50所示。

图15-50

Step05： 完成周计划内容后，可以根据需要对思维导图进行美化操作，结果如图15-51所示。

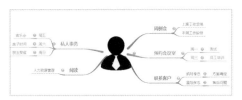

图15-51

Step06： 选中"联系客户"主题，单击"图标"按钮，选择"星"图标即可为其添加星级图标，如图15-52所示。

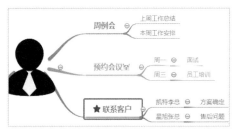

图15-52

🔍 **知识点拨**

思维导图思维模式分水平思考和垂直思考两种。水平思考属于一种扩散状态的思维模式，从一个主题出发，以不同方向、不同角度提出各种观点。而垂直思考是按照一定的思维逻辑，向上或向下，以垂直式路径进行思考，它的结构属于递进关系，好比物理学中的串联电路。这两种思维模式可以共存。

职场答疑Q&A

1. Q：在思维导图中添加了图标，现在想要将其删除，该如何操作？

A： 以MindMaster软件为例，如果想要删除多余的图标，按【Delete】键是无法删除的。用户只需选中图标，此时在鼠标下方会显示相关的图标样式列表，在该列表中，选中"×"选项即可删除，如图15-53、图15-54所示。

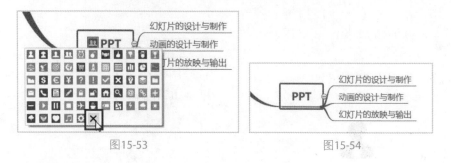

图15-53　　　　　　　　　　　　　　　　　　图15-54

2. Q：如何快速更改当前思维导图的布局？

A： 如果对当前思维导图的布局不满意，可以选中中心主题，然后在"开始"选项卡中单击"布局"下拉按钮，从中选择一款满意的布局样式即可，如图15-55所示。

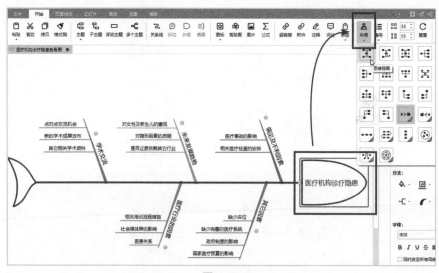

图15-55

3. Q：在户外带A4纸不方便，那么在绘制思维导图时用哪种笔记本比较好？

A： 可以选择使用25开的空白笔记本。笔记本整个打开后比A4纸小一点。在选用时尽量选择带硬壳外包装的笔记本，这样画起来就不需要夹板或桌椅了。

附录

附录A Word常用快捷键速查

功能键

按键	功能描述	按键	功能描述
F1	寻求帮助文件	F8	扩展所选内容
F2	移动文字或图形	F9	更新选定的域
F4	重复上一步操作	F10	显示快捷键提示
F5	执行定位操作	F11	前往下一个域
F6	前往下一个窗格或框架	F12	执行"另存为"命令
F7	执行"拼写"命令		

Shift组合功能键

组合键	功能描述	组合键	功能描述
Shift+F1	启动上下文相关"帮助"或展现格式	Shift+→	将选定范围扩展至右侧的一个字符
Shift+F2	复制文本	Shift+←	左侧的一个字符
Shift+F3	更改字母大小写	Shift+↑	将选定范围扩展至上一行
Shift+F4	重复"查找"或"定位"操作	Shift+↓	将选定范围扩展至下一行
Shift+F5	移至最后一处更改	Shift+ Home	将选定范围扩展至行首
Shift+F6	转至上一个窗格或框架	Shift+ End	将选定范围扩展至行尾
Shift+F7	执行"同义词库"命令	Ctrl+Shift+↑	将选定范围扩展至段首
Shift+F8	减少所选内容的大小	Ctrl+Shift+↓	将选定范围扩展至段尾
Shift+F9	在域代码及其结果间进行切换	Shift+Page Up	将选定范围扩展至上一屏
Shift+F10	显示快捷菜单	Shift+Page Down	将选定范围扩展至下一屏
Shift+F11	定位至前一个域	Shift+Tab	选定上一单元格的内容
Shift+F12	执行"保存"命令	Shift+ Enter	插入换行符

Ctrl组合功能键

组合键	功能描述	组合键	功能描述
Ctrl+B	加粗字体	Ctrl+F1	展开或折叠功能区
Ctrl+I	倾斜字体	Ctrl+F2	执行"打印预览"命令
Ctrl+U	为字体添加下划线	Ctrl+F3	剪切至"图文场"
Ctrl+Q	删除段落格式	Ctrl+F4	关闭窗口
Ctrl+C	复制所选文本或对象	Ctrl+F6	前往下一个窗口
Ctrl+X	剪切所选文本或对象	Ctrl+F9	插入空域
Ctrl+V	粘贴文本或对象	Ctrl+F10	将文档窗口最大化
Ctrl+Z	撤销上一操作	Ctrl+F11	锁定域
Ctrl+Y	重复上一操作	Ctrl+F12	执行"打开"命令
Ctrl+A	全选整篇文档	Ctrl+Enter	插入分页符

附录B Excel常用快捷键速查

功能键

按键	功能描述	按键	功能描述
F1	显示Excel 帮助	F7	显示"拼写检查"对话框
F2	编辑活动单元格并将插入点放在单元格内容的结尾	F8	打开或关闭扩展模式
F3	显示"粘贴名称"对话框，仅当工作簿中存在名称时才可用	F9	计算所有打开的工作簿中的所有工作表
F4	重复上一个命令或操作	F10	打开或关闭按键提示
F5	显示"定位"对话框	F11	在单独的图表工作表中创建当前范围内数据的图表
F6	在工作表、功能区、任务窗格和缩放控件之间切换	F12	打开"另存为"对话框

Shift组合功能键

组合键	功能描述
Shift+Alt+ F1	插入新的工作表
Shift+F2	添加或编辑单元格批注
Shift+F3	显示"插入函数"对话框
Shift+F6	在工作表、缩放控件、任务窗格和功能区之间切换
Shift+F8	使用箭头键将非邻近单元格或区域添加到单元格的选定范围中
Shift+F9	计算活动工作表
Shift+F10	显示选定项目的快捷菜单
Shift+F11	插入一个新工作表
Shift+Enter	完成单元格输入并选择上面的单元格

Ctrl组合功能键

组合键	功能描述	组合键	功能描述
Ctrl+1	显示"单元格格式"对话框	Ctrl+2	应用或取消加粗格式设置
Ctrl+3	应用或取消倾斜格式设置	Ctrl+4	应用或取消下划线
Ctrl+5	应用或取消删除线	Ctrl+6	在隐藏对象和显示对象之间切换
Ctrl+8	显示或隐藏大纲符号	Ctrl+9（0）	隐藏选定的行（列）
Ctrl+A	选择整个工作表	Ctrl+B	应用或取消加粗格式设置
Ctrl+C	复制选定的单元格	Ctrl+D	使用"向下填充"命令将选定范围内最顶层单元格的内容和格式复制到下面的单元格中
Ctrl+F	执行查找操作	Ctrl+K	为新的超链接显示"插入超链接"对话框，或为选定现有超链接显示"编辑超链接"对话框
Ctrl+G	执行定位操作	Ctrl+L	显示"创建表"对话框
Ctrl+H	执行替换操作	Ctrl+N	创建一个新的空白工作簿

组合键	功能描述	组合键	功能描述
Ctrl+I	应用或取消倾斜格式设置	Ctrl+U	应用或取消下划线
Ctrl+O	执行打开操作	Ctrl+P	执行打印操作
Ctrl+R	使用"向右填充"命令将选定范围最左边单元格的内容和格式复制到右边的单元格中	Ctrl+S	使用当前文件名、位置和文件格式保存活动文件
Ctrl+V	在插入点处插入剪贴板的内容，并替换任何所选内容	Ctrl+W	关闭选定的工作簿窗口
Ctrl+Y	重复上一个命令或操作	Ctrl+Z	执行撤销操作
Ctrl+ -	显示用于删除选定单元格的"删除"对话框	Ctrl+;	输入当前日期
Ctrl+Shift+(	取消隐藏选定范围内所有隐藏的行	Ctrl+Shift+&	将外框应用于选定单元格
Ctrl+Shift+%	应用不带小数位的"百分比"格式	Ctrl+Shift+#	应用带有日、月和年的"日期"格式
Ctrl+Shift+^	应用带有两位小数的科学计数格式	Ctrl+Shift+@	应用带有小时和分钟以及 AM 或 PM 的"时间"格式

附录C PowerPoint常用快捷键速查

功能键

按键	功能描述
F1	获取帮助文件
F2	在图形和图形内文本间切换
F4	重复最后一次操作
F5	从头开始运行演示文稿
F7	执行拼写检查操作
F12	执行"另存为"命令

Ctrl组合功能键

组合键	功能描述	组合键	功能描述
Ctrl+A	选择全部对象或幻灯片	Ctrl+B	应用（解除）文本加粗
Ctrl+C	执行复制操作	Ctrl+D	生成对象或幻灯片的副本
Ctrl+E	段落居中对齐	Ctrl+F	打开"查找"对话框
Ctrl+G	打开"网格线和参考线"对话框	Ctrl+H	打开"替换"对话框
Ctrl+I	应用（解除）文本倾斜	Ctrl+J	段落两端对齐
Ctrl+K	插入超链接	Ctrl+L	段落左对齐
Ctrl+M	插入新幻灯片	Ctrl+N	生成新PPT文件
Ctrl+O	打开PPT文件	Ctrl+P	打开"打印"对话框
Ctrl+Q	关闭程序	Ctrl+R	段落右对齐
Ctrl+S	保存当前文件	Ctrl+T	打开"字体"对话框
Ctrl+U	应用（解除）文本下划线	Ctrl+V	执行粘贴操作
Ctrl+W	关闭当前文件	Ctrl+X	执行剪切操作
Ctrl+Y	重复最后操作	Ctrl+Z	撤销操作
Ctrl+Shift+F	更改字体	Ctrl+Shift+G	组合对象
Ctrl+Shift+P	更改字号	Ctrl+Shift+H	解除组合
Ctrl+Shift+"<"	增大字号	Ctrl+"="	将文本更改为下标（自动调整间距）
Ctrl+Shift+">"	减小字号	Ctrl+Shift+"="	将文本更改为上标（自动调整间距）

附录D　Photoshop CC常用快捷键速查

文件操作

组合键	功能介绍
Ctrl+N	新建图形文件

续表

组合键	功能介绍
Ctrl+O	打开已有的图像
Ctrl+Alt+O	打开为...
Ctrl+W	关闭当前图像
Ctrl+S	保存当前图像
Ctrl+Shift+S	另存为...
Ctrl+Shift+P	页面设置
Ctrl+P	打印
Ctrl+K	打开"首选项"对话框
Alt+Ctrl+K	显示最后一次显示的"预置"对话框

工具应用

快捷键	功能介绍
M	矩形、椭圆选框工具
C	裁剪工具
V	移动工具
L	套索、多边形套索、磁性套索
W	魔棒工具
J	污点修复画笔工具、修复画笔工具、修补工具、内容感知移动工具、红眼工具
B	画笔工具
S	仿制图章、图案图章
Y	历史记录画笔工具、历史记录艺术画笔工具
E	橡皮擦工具
R	旋转视图工具
O	减淡、加深、海绵工具
P	钢笔、自由钢笔、磁性钢笔
+	添加锚点工具
−	删除锚点工具

续表

快捷键	功能介绍
A	直接选取工具
T	文字、文字蒙板、直排文字、直排文字蒙版
U	矩形工具、圆角矩形工具、椭圆工具、多边形工具、直线工具、自定形状工具
G	渐变工具、油漆桶工具、3D材质拖放工具
K	画框工具
I	吸管、颜色取样器
H	抓手工具
Z	缩放工具
D	默认前景色和背景色
X	切换前景色和背景色
Q	切换标准模式和快速蒙板模式
F	标准屏幕模式、带有菜单栏的全屏模式、全屏模式
Ctrl	临时使用移动工具
Alt	临时使用吸色工具
空格	临时使用抓手工具
0~9	快速输入工具选项（当前工具选项面板中至少有一个可调节数字）
[或]	调整画笔大小
Shift+[	调整画笔硬度
Shift+]	调整画笔硬度

编辑操作

组合键	功能介绍
Ctrl+Z	还原/重做前一步操作
Ctrl+Alt+Z	还原两步以上操作
Ctrl+Shift+Z	重做两步以上操作
Ctrl+X或F2	剪切选取的图像或路径
Ctrl+C	拷贝选取的图像或路径

组合键	功能介绍
Ctrl+Shift+C	合并拷贝
Ctrl+V或F4	将剪贴板的内容粘到当前图形中
Ctrl+Shift+V	将剪贴板的内容粘到选框中
Ctrl+T	自由变换
Enter	应用自由变换（在自由变换模式下）
Alt	从中心或对称点开始变换（在自由变换模式下）
Shift	限制（在自由变换模式下）
Ctrl	扭曲（在自由变换模式下）
Esc	取消变形（在自由变换模式下）
Ctrl+Shift+T	自由变换复制的像素数据
DEL	删除选框中的图案或选取的路径
Ctrl+BackSpace或Ctrl+Del	用背景色填充所选区域或整个图层
Alt+BackSpace或Alt+Del	用前景色填充所选区域或整个图层
Shift+BackSpace	弹出"填充"对话框
Alt+Ctrl+Backspace	从历史记录中填充

图像调整

组合键	功能介绍
Ctrl+L	调整色阶
Ctrl+Shift+L	自动调整色阶
Ctrl+M	打开曲线调整对话框
Ctrl+Shift	在复合曲线以外的所有曲线上添加新的点（"曲线"对话框中）
↑ / ↓ / ← / →	移动所选点（"曲线"对话框中）
Shift+箭头	以10点为增幅移动所选点以10点为增幅（'曲线'对话框中）
Ctrl+Tab	前移控制点（"曲线"对话框中）
Ctrl+Shift+Tab	后移控制点（"曲线"对话框中）
Ctrl+D	取消选择所选通道上的所有点（"曲线"对话框中）

续表

组合键	功能介绍
Ctrl+~	选择彩色通道（"曲线"对话框中）
Ctrl+数字	选择单色通道（"曲线"对话框中）
Ctrl+B	打开"色彩平衡"对话框
Ctrl+U	打开"色相/饱和度"对话框
Ctrl+Shift+U	去色
Ctrl+I	反相

图层操作

组合键	功能介绍
Ctrl+Shift+N	从对话框新建一个图层
Ctrl+J	通过拷贝建立一个图层
Ctrl+Shift+J	通过剪切建立一个图层
Ctrl+G	与前一图层编组
Ctrl+Shift+G	取消编组
Ctrl+E	向下合并或合并连接图层
Ctrl+Shift+E	合并可见图层
Ctrl+Alt+E	盖印或盖印连接图层
Ctrl+Alt+Shift+E	盖印可见图层
Ctrl+[	将当前层下移一层
Ctrl+]	将当前层上移一层
Ctrl+Shift+[	将当前层移到最下面
Ctrl+Shift+]	将当前层移到最上面
Alt+[	激活下一个图层
Alt+]	激活上一个图层
Shift+Alt+[	激活底部图层
Shift+Alt+]	激活顶部图层